MATÉRIAUX

POUR LA

CARTE GÉOLOGIQUE DE L'ALGÉRIE

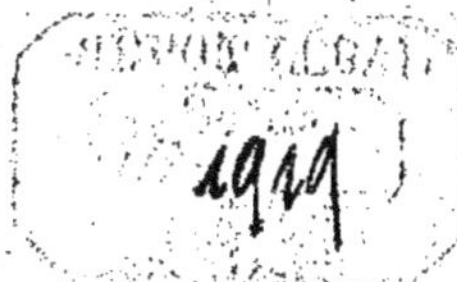

MATÉRIAUX

POUR LA

CARTE GÉOLOGIQUE DE L'ALGÉRIE

1ʳᵉ SÉRIE

PALÉONTOLOGIE

N° 5

FOSSILES LIASIQUES

DE LA

RÉGION DE GUELMA

PAR

J. DARESTE DE LA CHAVANNE

DOCTEUR ÈS SCIENCES

PRÉPARATEUR AU LABORATOIRE DE GÉOLOGIE DE LA FACULTÉ DES SCIENCES DE L'UNIVERSITÉ DE LYON

COLLABORATEUR AUX SERVICES DE LA CARTE GÉOLOGIQUE DE LA FRANCE ET DE L'ALGÉRIE

4 Planches

ALGER

ANCIENNE MAISON BASTIDE-JOURDAN

Jules CARBONEL

IMPRIMEUR-LIBRAIRE-ÉDITEUR

1920

FOSSILES LIASIQUES

DE LA·
RÉGION DE GUELMA

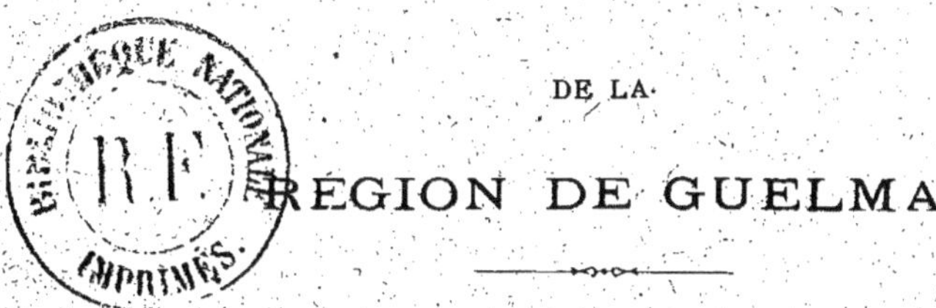

INTRODUCTION

Dans l'Afrique du Nord les faunes liasiques sont assez rares, généralement pauvres et se rencontrent le plus souvent dans un état de conservation médiocre : partant elles sont encore peu connues.

En effet, en 1868, Nicaise [1] donne une liste assez sommaire de Brachiopodes et de Mollusques provenant des calcaires liasiques du massif de l'Ouarsenis. Mais il attribue la plupart des formes qu'il cite à des espèces nouvelles restées inédites.

Plus tard, en 1889, dans sa remarquable étude sur le massif de l'Ouarsenis, M. Ficheur [2] cite une liste assez importante de Brachiopodes liasiques associés à une petite faune de Gastropodes et de Lamellibranches indéterminables spécifiquement.

En 1890, M. Ficheur [3], dans son important mémoire sur la Kabylie du Djurjura, donne une longue et intéressante description des formations liasiques de cette chaîne. Mais ces dernières n'ont révélé la présence que d'une faune de Brachiopodes et de Céphalopodes relativement peu abondante.

En 1896, MM. Ficheur et Haug [4] ont recueilli *Pygope Aspasia* dans les calcaires liasiques du massif du Zaghouan, près de Tunis.

M. Gentil [5], en 1902, dans son étude géologique du bassin de la

(1) Nicaise. Catalogue des animaux fossiles de la province d'Alger. Bull. de la Soc. des Sciences phys. et naturelles d'Alger ; tome 5-7 ; 1868-1870.

(2) Ficheur. Géologie de l'Ouarsenis. A. F. A. S., Paris, 1889 ; p. 409.

(3) Ficheur. Description géologique de la Kabylie du Djurjura, 1890 ; p. 61.

(4) Ficheur et Haug. Sur le massif du Zaghouan. C. R. Ac. Sciences, 1896.

(5) Gentil. Etude géologique du bassin de la Tafna. B. S. C. G. de l'Algérie, 1902.

Tafna, donne une longue liste de Céphalopodes provenant du Lias supérieur du massif des Traras, avec quelques Brachiopodes.

En 1908, dans le Maroc septentrional et en particulier dans le massif des Beni Snassen, le même auteur [1] cite quelques Brachiopodes associés à une petite faune d'ammonites dans les calcaires du Lias moyen et signale la présence dans ce même massif d'un important horizon fossilifère caractérisé par une abondante faune de Céphalopodes toarciens.

Enfin dans un important mémoire récemment publié, M. Savornin [2] cite, dans les calcaires liasiques du massif du Bou Taleb dans les Monts du Hodna, une petite faune de Brachiopodes, dont il a bien voulu me communiquer la liste.

Telles sont les rares faunes liasiques signalées jusqu'ici dans l'Afrique du Nord. Au total, si l'on excepte les faunes toarciennes assez riches recueillies par M. Gentil dans l'Ouest algérien et dans le Maroc septentrional, les gisements fossilifères du Lias se trouvent plutôt à l'état d'exception. D'autre part les quelques fossiles, qui y ont été cités, n'ont jamais fait l'objet d'aucune description paléontologique, ni d'aucun figuration. En un mot, jusqu'ici, il n'existe aucune monographie paléontologique concernant la faune liasique de l'Afrique du Nord.

Or, les calcaires liasiques dont j'ai le premier signalé la présence dans l'Atlas tellien de la Numidie orientale (région de Guelma) et que j'ai découverts dès 1907 [3] lors de mes explorations pour l'établissement de la carte géologique détaillée au 1/50.000 (feuille de la Mahouna), m'ont fourni une série assez importante de Brachiopodes, de Lamellibranches, de Gastropodes et de Céphalopodes, dont j'ai autrefois cité une vingtaine d'espèces [4].

En reprenant plus en détail l'étude de cette faune et à l'aide de matériaux nouveaux, je suis arrivé à identifier près d'une cinquantaine d'espèces, qui, pour la plupart, n'avaient pas encore été signalées dans l'Afrique du Nord. Aussi m'a-t-il paru intéressant

(1) Gentil. Esquisse géologique des Beni Snassen. B. S. G. de France, 1908,

(2) Savornin. Etude géologique de la région du Hodna. B. C. Géol. 1920.

(3) Dareste de la Chavanne. Sur la découverte d'un lambeau de Lias moyen dans le bassin de la Seybouse (Algérie). C. R. Acad. des Sciences, 27 janvier 1908.

(4) Dareste de la Chavanne. Recherches géologiques et paléontologiques dans la région de Guelma. Bull. Serv. carte géol. de l'Algérie, 1910, p. 43.

d'entreprendre une monographie de cette faune accompagnée de la figuration d'un certain nombre d'espèces.

En cette circonstance, je dois adresser mes bien vifs et bien sincères remerciements à M. le professeur Ficheur, directeur-adjoint du Service de la Carte, qui a bien voulu accepter l'insertion de ce mémoire dans le Bulletin du Service de la carte et m'en a obligeamment facilité ainsi la publication.

CHAPITRE I

STRATIGRAPHIE

En 1908, j'ai signalé dans l'Atlas tellien de la Numidie orientale, entre Guelma et Soukahras, la présence de calcaires liasiques fossilifères [1], que j'ai découverts en 1907 au cours de mes explorations en vue de l'établissement de la carte géologique détaillée au 1/50.000 (feuille de la Mahouna), et dans la suite j'ai reconnu en plusieurs autres points de cette chaîne d'autres affleurements de ces mêmes calcaires [1].

Je passerai rapidement sur ce que j'ai dit de ces calcaires au point de vue de leur situation géographique, de leur description lithologique et de leurs relations stratigraphiques que j'ai déjà indiquées dans leur ensemble. Ce mémoire est consacré à la description paléontologique de la faune que j'ai recueillie dans ces calcaires et dont je m'étais simplement borné jusqu'ici à donner la liste, liste d'ailleurs provisoire et incomplète comprenant à peine une vingtaine d'espèces, alors que la faune que je me propose de décrire dans cette monographie en compte près d'une cinquantaine.

Situation géographique. — Les affleurements de calcaires liasiques, dont il s'agit, sont situés, ainsi que je l'ai indiqué naguère, dans la chaîne atlasique tellienne, qui sépare le bassin de Guelma de la région des Hautes-Plaines. Dans la contrée des Oulad Dhan, le versant septentrional de l'Atlas tellien se trouve profondément entaillé par les vallées de l'Oued el Hammam et de l'Oued R'biba dont le bassin est limité au Nord par le massif du Nador, à l'Ouest par celui du Sfa Ali, au Sud par celui du Djebel Zouara et du Kef el Aks et à l'Est par celui du Dahouara. C'est à la faveur de l'érosion résultant du creusement de ces profondes vallées qu'ont été mis au jour la plupart des affleurements de ces calcaires liasiques.

Le gisement qui m'a fourni en particulier cette intéressante faune

(1) J. Dareste de la Chavanne, loc. cit.

se trouve situé au Sud de la mine du Hammam Bail's dans le petit chaînon qui sépare la vallée de l'Oued el Hammam de celle de l'Oued R'biba, un peu en amont du confluent de ces deux oueds.

Faciès lithologique — Le Lias se présente sous forme de calcaires zoogènes massifs, compacts et à stratification confuse. Ces calcaires sont tantôt blanc-rosé, grisâtres, tantôt gris-bleuâtres, tantôt enfin le plus souvent gris sombres et même noirâtres. Certains bancs à cassure cireuse ont l'aspect d'un marbre à grain fin, presque lithographique. D'autres ont une structure plus grossière, sont un peu spathiques et parfois même saccharoïdes. Ils présentent aussi accidentellement des géodes et des filets de calcite cristallisée, et sont par place mouchetés de petites taches rougeâtres d'hématite. Enfin en certains points et notamment à la partie supérieure, ces calcaires présentent une texture bréchoïde.

Age de ces calcaires. — J'ai attribué naguère ces calcaires au Lias moyen par suite de la présence dans ces derniers de *Pygope Aspasia* Menegh., *Spiriferina rostrata* Schloth. et *Zeilleria numismalis* Lamk., Brachiopodes caractéristiques de cet étage dans les chaînes circum-méditerranéennes, et par suite de l'analogie presque complète que présente l'ensemble de leur faune avec celle de la zone à Pygope Aspasia du Lias moyen de Sicile, qui a été signalée et décrite par Gemmellaro.

Cette faune appartient à ce type de faciès assez spécial désigné sous le nom de « *faciès à Brachiopodes* », qui caractérise le Lias moyen de la plupart des régions circum-méditerranéennes.

En effet, les Brachiopodes (*Rhynchonella, Terebratula, Waldheimia, Zeilleria, Spiriferina*) y constituent de beaucoup l'élément prédominant. Les Gastropodes (*Katosira, Eucyclus, Discohelix, Eucyclomphalus, Aulacotrochus, Pleurotomaria, Ptychomphalus*) y paraissent également assez abondants. Les Lamellibranches (*Chlamys*) sont plus rares. Enfin j'ai aussi à y signaler la présence des quelques Céphalopodes appartenant aux genres *Harpoceras, Rhacophyllites* et *Phylloceras* et un fragment d'Echinide régulier.

J'ai déterminé les espèces suivantes :

Rhynchonella scalpellum Quenstedt.
Rhynchonella Orsinii Gemmellaro.
Rhynchonella Briseis Gemmellaro.

Rhynchonella polyptycha Oppel.
Rhynchonella Albertii Oppel.
Rhynchonella retusifrons Oppel.
Rhynchonella cf. *Fraasi* Oppel.
Rhynchonella serrata Sowerby.
Rhynchonella flabellum Gemmellaro.
Terebratula (Zeilleria) Catharina Gemmellaro.
Terebratula (Zeilleria) stapia Oppel.
Terebratula (Zeilleria) sarthacensis d'Orb.
Terebratula (Zeilleria) subnumismalis Davidson.
Terebratula (Zeilleria) Taramellii Gemmellaro.
Terebratula (Zeilleria) numismalis Lamarck.
Terebratula rudis Gemmellaro.
Terebratula sphenoidalis Meneghini.
Terebratula Andleri Oppel.
Terebratula Engelhardti Oppel.
Terebratula Jauberti Deslongchamps.
Terebratula punctata Sowerby.
Terebratula (Pygope) Aspasia Meneghini, var. *minor* Zittel.
Terebratula (Pygope) Aspasia Meneghini, var. *major* Zittel.
Spiriferina rostrata Schlotheim.
Spiriferina rostrata Schlotheim, variété à grand crochet.
Spiriferina alpina Oppel.
Spiriferina brevirostris Oppel.
Spiriferina angulata Oppel.
Spiriferina angulata Oppel, var. *obtusa* Oppel.
Spiriferina sicula Gemmellaro.
Lingula sacculus Chapuis et Dewalque.
Pseudamusium Stoliczkai Gemmellaro.
Chlamys Agathis Gemmellaro.
Zygopleura (Katosira) sinistrorsa Gemmellaro.
Eucyclus alpinus Stoliczka.
Discohelix excavata Reuss.
Eucyclomphalus hierlatzensis von Ammon.
Aulacotrochus nitens Dumortier.
Pleurotomaria foviolata Deslongchamps, var. *turrita* Deslongchamps.
Pleurotomaria cf. *princeps* Koch et Dunker.

> *Ptychomphalus heliciformis* Deslongchamps.
> *Scurria papyracea* Goldfuss.
> *Harpoceras celebratum* Fucini, var. *italica* Fucini.
> *Harpoceras* cf. *exiguum* Fucini.
> *Rhacophyllites* cf. *eximius* Hauer.
> *Phylloceras* cf. *Meneghinii* Gemmellaro.
> *Echinide* régulier indéterminable (*Diademopsis* ou *Hemi-
> pedina*).

Relations stratigraphiques de ces calcaires. — La puissance de ces calcaires est difficile à apprécier étant donné l'exiguïté des affleurements et pour des raisons que je donnerai plus loin. Elle paraît toutefois inférieure à celle qu'on leur attribue généralement en d'autres régions du Nord de l'Afrique Mineure.

Le substratum des calcaires liasiques fossilifères de la vallée de l'Oued el Hammam n'est pas visible ; il se trouve masqué par les formations lacustres et continentales (argiles à gypse, marnes rouges gréseuses et conglomérats) du Miocène supérieur, qui, avec d'importantes masses de tufs calcaires ou moins récents, remblaient une grande partie de la dépression où est creusée la vallée de l'Oued el Hammam. Toutefois, à peu de distance, dans cette même vallée, les parties profondes de certains ravins laissent apercevoir les marnes bariolées gypso-salines du Trias, ce qui permet de supposer qu'en ce point le Trias doit vraisemblablement servir de substratum à ces calcaires liasiques.

De plus, dans les environs, des calcaires absolument identiques aux calcaires fossilifères de la vallée de l'Oued el Hammam ont pour substratum les marnes irisées du Trias, qu'ils surmontent en concordance de stratification par l'intermédiaire d'une assise de calcaires gris en plaquettes représentant sans doute l'Infralias. Cette superposition peut s'observer en haut du ravin du Chabet Meklouka, près d'Ain-Saffra au Sud du Djebel Nador et dans un ravin situé au Nord-Ouest du Djebel Heimel.

Si le Sinémurien existe, il est représenté par les assises inférieures de ces masses calcaires, mais aucune preuve de son authenticité ne m'en a été fournie par suite de l'absence de données paléontologiques. Il en est de même du Lias supérieur dont l'existence reste encore à démontrer pour des raisons analogues.

Ce même affleurement de calcaires liasiques fossilifères de la vallée de l'Oued el Hammam nous permet d'observer ses relations avec des sédiments d'âge plus récent. En effet, dans la direction de l'Est et du Sud-Est, ces calcaires sont en contact avec une série puissante de marnes grises, intercalées tantôt de bancs gréso-calcaires, tantôt de bancs marno-calcaires, tantôt de bancs de calcaires marneux feuilletés et fissiles, et se terminant par une importante assise de calcaires en bancs réguliers et bien lités rappelant par leur faciès bien caractéristique les calcaires à Inocérames et à Stegaster du Sénonien supérieur. Ces calcaires sont eux-même surmontés par les marnes et les calcaires phosphatifères de l'Éocène inférieur.

La série marneuse et marno-calcaire, séparant les calcaires liasiques des calcaires du Sénonien supérieur, doit vraisemblablement représenter le Sénonien inférieur et probablement aussi le Cénomanien et le Turonien, qui, dans cette région, situés dans le géosynclinal du Tell, se présentent habituellement sous le faciès marneux bathyal et peuvent ainsi difficilement être séparés stratigraphiquement du Sénonien inférieur, faute d'arguments paléontologiques.

Enfin j'ajouterai que la superposition du Lias au Trias dans cette région et la continuité de sédimentation, qui existe en certains points entre ces deux formations, m'ont permis d'observer, au moins en partie, l'ordre de succession des différentes assises lithologiques constituant le Trias, succession assez mal aisée à constater dans les affleurements où la série triasique n'est pas surmontée par le Lias. Dans les points où j'ai pu observer cette superposition, j'ai constaté à la base des calcaires liasiques la présence d'une assise de calcaires en plaquettes, représentant sans doute l'Infralias et surmontant directement en concordance les marnes irisées. Ces dernières représentent donc la partie supérieure du Trias, c'est-à-dire le Keuper. Les marnes jaunes, les cargneules et les calcaires dolomitiques sont subordonnés aux marnes irisées et peuvent donc par conséquent correspondre vraisemblablement au Muschelkalk.

CHAPITRE II

—

PALÉONTOLOGIE

—

DESCRIPTION PALÉONTOLOGIQUE DE LA FAUNE DES CALCAIRES LIASIQUES DE LA VALLÉE DE L'OUED EL HAMMAM

—

BRACHIOPODES

RHYNCHONELLIDÆ Gray

RHYNCHONELLA Fischer

Rhynchonella scalpellum Quenstedt

(Pl. I, fig. 1. — Pl. III, fig. 1)

1852 *Terebratula scalpellum* Quenstedt. — Quenstedt. Handbuch der Petrefactenkunde, p. 453, pl. 36, fig. 18.

1871 *Terebratula scalpellum* Quenstedt. — Quenstedt, Petrefactenkunde Deutschlands ; 2ᵉ partie, Brachiopodes, p. 67, pl. 37, fig. 162-166.

1882 *Rhynchonella scalpellum* Quenstedt. — Haas und Petri ; die Brachiopoden
der Juraformation von Elsass-Lothringen, p. 198, pl. 3, fig. 15-18.

Diagnose. — Longueur : $10^{m/m}$; largeur : $9^{m/m} 5$; épaisseur : $6^{m/m}$.
Coquille de petite taille, de forme subovale, légèrement subtriangulaire, un peu plus longue que large, médiocrement renflée.

Les valves sont à peu près également convexes. Le crochet est
petit, fin, aigu, médiocrement recourbé et très peu saillant. La surface
des valves est ornée de plis nombreux, fins, arrondis, serrés, qui
vont en s'accentuant en se rapprochant du bord marginal des valves
et s'atténuent et s'effacent au voisinage des crochets. Le nombre des
plis sur chacune des valves est de 17 à 18. La grande valve montre
une large et très légère dépression médiane vers la partie antérieure,
correspondant à un large et très léger renflement sur la partie corres-
pondante de la petite valve. La commissure latérale des valves est à
peu près droite. Les plis qui ornent la surface des valves sont recou-
pés par des stries concentriques, fines, irrégulières, assez serrées et
particulièrement visibles sur la petite valve.

Rapports et différences. — Par sa forme, ses dimensions et ses caractères d'ornementation, cette Rhynchonelle est tout à fait comparable à celle figurée et décrite par Quenstedt sous le nom de *Terebratula scalpellum* (Quenstedt, loc. cit.) du Lias moyen.

Voisine de *Rhynchon⸱lla triquetra* Gemmellaro du Lias moyen de Sicile (Gemmellaro, Sopra i fossili della zone con Terebratula Aspasia della provincia di Palermo e di Trapani, p. 74, 11, fig. 13), elle en diffère par sa forme moins étroite et moins triangulaire et par ses plis plus nombreux, plus fins et plus serrés.

Répartition stratigraphique. — Cette espèce est caractéristique du Lias moyen. Quenstedt la cite dans le Lias moyen d'Allemagne et Haas et Petri dans le Lias moyen de Lorraine aux environs de Metz.

Rhynchonella Orsinii Gemmellaro

(Pl. I, fig. 2)

1874 *Rhynchonella Orsinii* Gemmellaro. —, Gemmellaro. Sopra i fossili della zona con Terebratula Aspasia della provincia di Palermo e di Trapani, p. 76, pl. 11, fig. 18.

Diagnose. — Longueur : 1 $^{m/m}$; largeur : 12 $^{m/m}$; épaisseur : 6 $^{m/m}$. Coquille d'assez petite taille, un peu plus large que longue, de forme variable allant de la forme triangulaire à la forme pentagonale.

Le crochet est de petite taille, assez aigu et peu recourbé.

La surface de chaque valve est ornée de 18 à 20 plis rayonnant peu saillants, étroits, assez serrés et légèrement divergeant latéralement. Très fins et peu marqués vers les crochets, les plis s'élargissent et s'accentuent en se rapprochant du bord marginal des valves.

La surface de la grande valve présente sur le bord frontal une large et très légère dépression médiane, à laquelle correspond un renflement très faiblement prononcé sur le bord frontal de la petite valve. Sur la dépression médiane de la grande valve s'observent 4 plis et sur le renflement correspondant de la petite valve on en compte 6.

La surface des valves est également ornée de stries d'accroissement concentriques irrégulières qui recoupent les plis.

Rapports et différences. — Cette espèce paraît très voisine de *Rhynchonella Orsinii* Gemmellaro (Gemmellaro, loc. cit.) par sa

forme générale, par ses dimensions relatives, par la taille et les
caractères de son crochet, et par le nombre, la forme et la disposition des plis qui ornent les valves. Elle semble toutefois être un peu
moins renflée que l'espèce décrite et figurée par Gemmellaro ; et la
dépression médiane de la grande valve sur la région frontale est
moins prononcée.

Elle diffère de *Rhynchonella Moorei* Davidson (Davidson, Mono-
graph of British oolitic and liasic Brachiopoda ; 1851, p. 82, pl. 15 ;
fig. 11-14) par son contour moins arrondi, par son crochet moins
fort et enfin par ses plis plus nombreux, plus fins, plus serrés et
moins anguleux.

Par la taille, la disposition et le nombre des plis des valves, cette
espèce présente certaines affinités avec *Rhynchonella Fraasi* Oppel
(Oppel. Uber die Brachiopoden des untern Lias. Zeitschrift der deutschen geologischen Gesellschaft ; tome 13, p. 543, pl. 12, fig. 3) ;
mais son épaisseur est moins considérable, ses valves s'unissent
sous un angle beaucoup plus aigu, la commissure antérieure des
valves est moins rectiligne, son crochet est un peu plus petit et
moins proéminent, et enfin sa forme est plus triangulaire.

Répartition stratigraphique. — Gemmellaro cite cette espèce dans
la zone à Pygope Aspasia des calcaires liasiques de la province de
Palerme (Sicile).

Rhynchonella Briseis Gemmellaro
(Pl. I, fig. 3. — Pl. III, fig. 2)

1874 *Rhynchonella Briseis* Gemmellaro.— Gemmellaro. Sopra i fossili della zona
    con Terebratula Aspasia della provincia di Palermo e di Trapani ; p. 77,
    pl. 11, fig. 19-20.
1884 *Rhynchonella Briseis* Gemmellaro. — Haas. Beitrœge auf liasischen Bra-
    chiopodenfauna von Sudtyrol und Venetien ; p. 4, pl. 1, fig. 3, 5-6.
1884 *Rhynchonella Briseis* Gemmellaro. — Parona. 1 Brachiopodi liassici di
    Saltrio e Arzo nelle Prealpi lombarde ; Mem. R. ist. Lombardo di Sc.
    e Lettri ; p. 244, pl. 2, fig. 10-20.
1885 *Rhynchonella Briseis* Gemmellaro. — Haas. Étude monographique et cri-
    tique des Brachiopodes rhétiens et jurassiques des Alpes vaudoises et
    des contrées environnantes Mémoires de la Société paléontologique
    Suisse ; tome XI, p. 77 ; pl. 5, fig. 16 et 18 ; pl. 6, fig. 1-11.
1892 *Rhynchonella Briseis* Gemmellaro.— Parona. Revisione della fauna liasica
    di Gozzano. Mem. R. Accad. di Sc. di Torino ; série 2, t. 43, p. 29 ;
    pl. 2, fig. 1-5.

Diagnose. — Longueur : 11 ᵐ/ₘ ; largeur : 12 ᵐ/ₘ 5 ; épaisseur : 9 ᵐ/ₘ.

Coquille de taille moyenne, légèrement subglobuleuse, de forme subtriangulaire, un peu plus large que longue.

Le crochet est aigu, assez court et recourbé sur la petite valve. Le foramen est de petite taille.

La grande valve présente une dépression médiane partant un peu au-dessus du centre et allant en s'élargissant triangulairement jusqu'au bord frontal. A cette dépression correspond sur la petite valve un renflement élevé et assez large. Dans son ensemble la petite valve est assez fortement renflée.

La surface des valves est ornée de plis assez saillants et anguleux partant du crochet et allant en s'accentuant progressivement jusqu'au bord des valves. Sur la dépression médiane de la grande valve on compte 3 plis et de part et d'autre de la dépression 4 autres plis de moins en moins saillants à mesure que l'on se rapproche de la commissure latérale des valves. Sur le renflement de la petite valve on compte 4 plis et de part et d'autre de ce renflement 3 plis latéraux.

Rapports et différences. — Cette espèce est tout à fait conforme à *Rhynchonella Briseis* Gemmellaro (Gemmellaro, loc. cit., particulièrement aux figures 19 et 20 donnée de cette espèce par cet auteur), par sa forme générale, ses dimensions relatives, le nombre, la forme et la disposition des plis, et enfin par les caractères du crochet.

Cette espèce de forme assez caractéristique présente une assez grande affinité avec *Rhynchonella belemnitica* Quenstedt, du Lias inférieur, dont elle dérive sans doute par filiation directe. Elle n'en diffère que par sa forme un peu plus globuleuse. *Rhynchonella Briseis* Gemmellaro, forme caractéristique du Lias moyen, ne paraît être qu'une mutation de *Rhynchonella belemnitica* Quenstedt du Lias inférieur. Haas (loc. cit., p. 132) insiste d'ailleurs sur les affinités de ces deux espèces.

Répartition stratigraphique. — Cette espèce est caractéristique de la zone à Pygope Aspasia en Sicile et dans le Tyrol méridional ; elle a été également signalée dans le Lias moyen, dans les Prealpes de Lombardie, dans le Piémont, dans les Alpes Vaudoises et dans le Wurtemberg.

Rhynchonella polyptycha Oppel

(Pl. I, fig. 4)

1861 *Rhynchonella polyptycha* Oppel. — Oppel. Uber die Brachiopoden des untern Lias. Zeitschrift der deutschen geologischen Gesellschaft; tome 13, p. 544, pl. 12, fig. 4.

1874 *Rhynchonella Zitteli* Gemmellaro. — Gemmellaro. Sopra i fossili della zona con Terebratula Aspasia della provincia di Palermo e di Trapani; p. 78, pl. 11, fig. 23.

Diagnose. — Longueur : 15 $^{m}/_{m}$ 5 ; largeur : 18 $^{m}/_{m}$; épaisseur : 10 $^{m}/_{m}$ 5.

Coquille de taille moyenne, un peu plus large que longue, de forme subtriangulaire et légèrement comprimée dans la région cardinale.

Les valves sont médiocrement renflées. La grande valve présente vers la partie frontale une dépression médiane très large et peu profonde à laquelle correspond sur la partie antérieure de la petite valve un large renflement très peu saillant.

Le crochet est petit, aigu, peu recourbé et caréné sur les flancs. Le foramen est de petite taille. De part et d'autre des crochets des valves, il existe, sur la commissure des valves, une légère dépression qui s'étend environ jusqu'à la moitié de leur longueur.

Les valves sont ornées de plis médiocrement saillants allant des sommets des crochets au bord externe des valves. Les plis sont au nombre de 4 sur la dépression médiane de la grande valve, au nombre de 5 sur le renflement médian de la petite valve, et au nombre de 4 environ sur les côtés de part et d'autre de la dépression et du renflement.

Rapports et différences. — Cette Rhynchonelle correspond assez exactement à celle figurée et décrite par Oppel sous le nom de *Rhynchonella polyptycha* (Oppel, loc. cit.) provenant des couches d'Hierlatz ; elle n'en diffère que par la disposition des plis des valves qui sont un peu moins divergents et moins arqués latéralement.

Elle est également tout à fait comparable à *Rhynchonella Zitteli* Gemmellaro (Gemmellaro, loc. cit.) de la zone à Pygope Aspasia des calcaires liasiques de Sicile. Elle n'en diffère que par ce fait qu'elle possède deux plis de moins, soit sur la dépression médiane, soit sur le renflement. *Rhynchonella Zitteli* Gemmellaro, du Lias moyen, n'est

2

sans doute qu'une mutation de *Rhynchonella polyptycha* Oppel du Lias inférieur. L'espèce d'Oppel doit très vraisemblablement représenter la forme ancestrale de l'espèce de Gemmellaro. Notre espèce paraît être une forme intermédiairement évoluée entre *R. polyptycha* Oppel des couches d'Hierlatz et *R. Zitteli* Gemmellaro de la zone à Pygope Aspasia de Sicile, qui sont d'ailleurs très voisines.

J'ajouterai que cette Rhynchonelle diffère de *Rhynchonella serrata* Sow. du Lias moyen par sa forme plus aplatie, plus large vers la partie frontale et plus triangulaire vers le sommet, par ses plis moins forts et moins aigus et enfin par son crochet plus petit, plus étroit, plus aigu et moins recourbé.

Répartition stratigraphique. — Oppel signale cette forme dans les couches d'Hierlatz, et Gemmellaro dans la zone à Pygope Aspasia des calcaires liasiques de Si cile.

Rhynchonella Albertii Oppel

(Pl. I, fig. 5)

1861 *Rhynchonella Albertii* Oppel. — Oppel. Uber die Brachiopoden des untern Lias. Zeitschrift der deutschen geologischen Gesellschaft ; tome 13, p. 546, pl. 13, fig. 4.

1874 *Rhynchonella glycina* Gemmellaro. — Gemmellaro. Sopra i fossili della zona con Terebratula Aspasia della provincia di Palermo e di Trapani ; p. 82, pl. 10, fig. 25.

Diagnose. — Longueur : 19 $^{m}/_{m}$; largeur : 19 $^{m}/_{m}$ 5 ; épaisseur : 13 $^{m}/_{m}$.

Coquille de taille moyenne, de forme triangulaire légèrement subpentagonale, assez épaisse, subglobuleuse, un peu plus large que longue, anguleuse et étroite vers le sommet.

Le crochet est petit, étroit, aigu, un peu recourbé et légèrement caréné sur les flancs. Le foramen est de petite taille. Les flancs postérieurs latéraux de la coquille sont comprimés, et la commissure des valves de part et d'autre du crochet présente une légère dépression concave.

Les valves sont assez renflées ; la petite valve est plus convexe que la grande. La grande valve présente vers la région frontale une profonde et large dépression, à laquelle correspond un renflement assez prononcé sur la région antérieure de la petite valve.

La surface des valves est ornée de plis peu nombreux très anguleux et larges s'étendant des crochets aux bords externes des valves.
Ces plis sont au nombre de 2 sur le sinus médian de la grande valve,
et au nombre de 3 sur le renflement médian correspondant de la
petite valve. La grande valve présente 2 plis de chaque côté du sinus
médian, et la petite valve 1 pli assez prononcé de chaque côté du
renflement médian.

La surface des valves est également ornée de stries d'accroissement concentriques, qui deviennent particulièrement développées
sur la partie antérieure des valves.

Rapports et différences. — Par sa forme générale, par la forme du
crochet, par les caractères des valves, par l'ornementation de ces
dernières et par le nombre, la forme et la disposition des plis, cette
Rhynchonelle est tout à fait conforme à celle décrite et figurée par
Oppel sous le nom de *Rhynchonella Albertii* (Oppel, loc. cit.) des
couches d'Hierlatz ; elle n'en diffère que par sa forme un peu moins
dilatée transversalement et par la présence sur la petite valve d'un
seul pli latéral de part et d'autre du renflement médian, au lieu de
3 qui sont représentés sur l'échantillon de cette espèce figuré par
(Oppel) les deux petits plis externes manquant sur notre échantillon.

Elle est également presque identique à la Rhynchonelle figurée
par Gemmellaro sous le nom de *Rhynchonella glycina* (Gemmellaro,
loc. cit.) de la zone à Pygope Aspasia du Lias moyen de Sicile,
espèce que je n'ai pas cru pouvoir séparer de *Rhynchonella Albertii*
Oppel.

En réalité notre espèce présente des caractères intermédiaires
entre ceux des deux espèces précitées, qui sont d'ailleurs déjà assez
voisines l'une de l'autre ; elle représente nettement un type intermédiaire d'évolution entre ces deux formes, dont la première est
certainement la forme ancestrale de la seconde.

Elle présente aussi certaines affinités avec *Rhynchonella bidens*
Phillips, du Lias moyen, mais sa forme est bien plus nettement triangulaire et ses plis moins nombreux, plus forts et plus saillants et
ses valves plus convexes.

Répartition stratigraphique. — Oppel cite cette forme dans les
couches d'Hierlatz et Gemmellaro dans la zone à Pygope Aspasia des
calcaires liasiques de Sicile.

Rhynchonella retusifrons Oppel

(Pl. I, fig. 6)

1861 *Rhynchonella retusifrons* Oppel. — Oppel. Über die Brachiopoden des
untern Lias. Zeitschrift der deutschen geologischen Gesellschaft ; tome
13, p. 544, pl. 12, fig. 5.
1874 *Rhynchonella retusifrons* Oppel. — Gemmellaro. Sopra i fossili della zona
con Terebratula Aspasia della provincia di Palermo e di Trapani ;
p. 76, pl. 11, fig. 17.

Diagnose. — Longueur : 15 $^m/_m$ 5 ; largeur ; 17 $^m/^m$; épaisseur :
7 $^m/_m$ 5.

Coquille très caractéristique, de taille moyenne, de forme triangulaire et assez comprimée, un peu plus large que longue.

Les valves sont médiocrement renflées et présentent chacune à peu près la même convexité.

La surface des valves est ornée de plis larges, arrondis et peu saillants qui n'existent que sur le tiers externe des valves. Les deux tiers postérieurs des valves sont lisses et dépourvus de plis.

La grande valve présente une dépression médiane très large et peu profonde sur la partie antérieure de la région frontale ; à cette dépression correspond, sur la partie antérieure de la région frontale de la petite valve, un renflement très large, peu saillant et formant simplement une sorte de méplat.

Les plis sont au nombre de 5 sur la dépression médiane de la grande valve, et au nombre de 6 sur le renflement médian correspondant de la petite valve. De part et d'autre de la dépression médiane de la grande valve on compte 2 plis assez rapprochés ; enfin de part et d'autre du renflement médian de la petite valve on en compte 2, le plus externe étant très faiblement indiqué.

Le crochet est assez proéminent, anguleux, très aigu, peu recourbé et se termine sur les flancs par une carène latérale étroite, saillante, anguleuse et tranchante, qui s'étend sur les deux tiers de la longueur de la grande valve. De part et d'autre du crochet, le long de la carène latérale de la grande valve et sur la commissure latérale des valves, il existe une dépression étroite, assez profonde et assez allongée. Le foramen paraît être d'assez petite taille.

Rapports et différences. — Cette Rhynchonelle très spéciale par sa forme caractéristique ne m'a pas paru devoir être séparée de *Rhyn-*

chonella retusifrons Oppel (Oppel, loc. cit.). Elle ne diffère de l'échantillon type figuré par cet auteur, que par sa forme un peu plus étroite et moins dilatée transversalement et par son épaisseur un peu moins considérable. Par ces derniers caractères elle se rapprocherait de *Rhynchonella Emmrichi* Oppel (Oppel, loc. cit., p. 542, pl. 12, fig. 1), espèce provenant également des couches d'Hierlatz ; mais elle en diffère par le mode d'ornementation des valves et par les caractères du crochet, qui rappellent exactement ceux de *Rhynchonella retusifrons* Oppel.

Gemmellaro cite dans les calcaires du Lias moyen de Sicile une Rhynchonelle, qu'il rapporte à *Rhynchonella retusifrons* Oppel. Mais la figure qu'il donne de cette espèce (Gemmellaro, loc. cit.) paraît plus voisine de *Rhynchonella Emmrichi* Oppel que de *Rhynchonella retusifrons* Oppel par le mode d'ornementation des valves.

Répartition stratigraphique. — Oppel cite cette espèce dans les couches d'Hierlatz, et Gemmellaro dans la zone à Pygope Aspasia des calcaires liasiques de la province de Palerme (Sicile).

Rhynchonella cf. Fraasi Oppel
(Pl. I, fig. 7)

1861 *Rhynchonella Fraasi* Oppel. — Oppel. Uber die Brachiopoden des untern Lias. Zeitschrift der deutschen geol. Gesells. ; tome 13, p. 543, pl. 12, fig. 3

Diagnose. — Longueur : 28 $^m/_m$ 5 ; largeur : 25$^m/_m$; épaisseur : 18 $^m/_m$.

Coquille de taille assez forte, assez épaisse, un peu plus longue que large et de forme subpentagonale.

Les valves sont assez convexes. La petite valve l'est un peu plus que la grande. La surface des valves est ornée de plis assez nombreux, serrés, subégaux, peu anguleux et généralement de forme plutôt arrondie. Ces plis partent du crochet et vont en s'accentuant régulièrement jusqu'à la commissure des valves. Les plis sont très serrés. Certains d'entre eux bifurquent dans la région voisine du crochet. Les plis latéraux sont légèrement divergents et arqués extérieurement. La grande valve est ornée de 21 plis environ et la petite valve de 20 plis. Les plis sont eux-mêmes recouverts de fines stries concentriques d'accroissement.

La grande valve présente une légère et très large dépression médiane sur le bord frontal ; à cette dépression correspond un léger et très large renflement sur la partie frontale de la petite valve.

Les plis sont au nombre de 9 sur la dépression médiane frontale de la grande valve ; on en compte 6 de part et d'autre de la dépression médiane sur les côtés de cette valve. Les plis sont au nombre de 10 sur le renflement médian frontal de la petite valve; on en compte 5 de part et d'autre du renflement médian sur les côtés de cette valve.

Le crochet de la grande valve est de taille moyenne, aigu et assez recourbé. De part et d'autre des crochets, sur la commissure latérale des valves, il existe une dépression qui s'étend à peu près jusque vers la moitié de la longueur des valves.

Rapports et différences. — C'est de *Rhynchonella Fraasi* Oppel (Oppel, loc. cit) que cette Rhynchonelle assez spéciale paraît se rapprocher le plus, sans toutefois être absolument conforme au type de l'espèce figuré par Oppel. D'une façon générale elle en présente bien les caractères essentiels ; elle n'en diffère que par sa forme moins nettement pentagonale et par la dépression médiane de la grande valve qui est moins nettement délimitée. Ces caractères ne m'ont pas paru suffisants pour en faire une espèce nouvelle, et j'ai été amené à la rapporter à cette espèce. L'espèce, dont il s'agit ici, est probablement une mutation de *Rhynchonella Fraasi* Oppel, des couches d'Hierlatz.

D'autre part nos échantillons peuvent être également rapprochés de *Rhynchonella Moorei* Davidson (Davidson, Monog. of British oolitic and liasic Brachiopoda, p. 82, pl. 15, fig. 11-14), dont ils diffèrent cependant par leur forme moins allongée et plus élargie et par leur contour moins arrondi.

Cette espèce présente des caractères intermédiaires entre ceux de *R. Fraasi* Oppel des couches d'Hierlatz (Lias inférieur) et ceux de *R. Moorei* Davidson du Lias supérieur. Elle paraît donc représenter le stade intermédiaire d'évolution entre ces deux formes.

Cette espèce présente certaines affinités avec *Rhynchonella tetraedra* Sow. du Lias moyen, mais elle en diffère par ses plis un peu moins anguleux et plus nombreux, et surtout par le sinus médian de la grande valve qui est plus large et beaucoup moins profond et par le renflement médian de la petite valve qui est plus large et beaucoup moins prononcé.

Enfin, voisine également de *Rhynchonella plicatella* Sow. par la convexité des valves, par la forme du crochet et par la présence de certains plis qui présentent le caractère d'être bifurqués, elle en diffère par ses plis plus larges et bien moins nombreux et par la présence d'une dépression assez allongée de part et d'autre des crochets sur la commissure latérale des valves.

Répartition stratigraphique. — Oppel cite cette espèce dans les couches d'Hierlatz.

Rhynchonella serrata Sowerby
(Pl. IV, fig. 1)

1825 *Terebratula serrata* Sow. — Sowerby. Min. conch., tome v, p. 168, pl. 503, fig. 2.

1851 *Rhynchonella serrata* Sow. — Davidson. Monog. of British oolitic and liasic Brachiopoda ; p. 85, pl. 15, fig. 1-2.

1874 *Rhynchonella serrata* Sow. — Gemmellaro. Sopra i fossili della zone con Terebratula Aspasia della provincia di Palermo e di Trapani ; p. 80, pl. 11, fig. 24.

Diagnose. — Je rapporte à cette espèce une valve de Rhynchonelle d'assez forte taille. Cette valve, assez fortement convexe et un peu plus longue que large, présente un contour largement arrondi sur la partie antérieure ; elle est de forme subtriangulaire à la partie postérieure.

La surface de cette valve est ornée de plis subégaux, accentués, larges, saillants, anguleux et tranchants, qui vont en s'accentuant du crochet à la commissure des valves. Ces plis sont au nombre de 12. Ces derniers sont ornés de stries concentriques d'accroissement irrégulières et assez prononcées. De part et d'autre des plis, au voisinage de la commissure latérale des valves, on observe une surface lisse, dépourvue de plis, à peu près plane et recouverte de lamelles concentriques d'accroissement espacées et assez accentuées.

Rapports et différences. — Cette espèce appartient sans aucun doute à *Rhynchonella serrata* Sow. ; elle correspond assez exactement aux figures et aux descriptions que Sowerby et Davidson donnent de cette espèce. Elle est également tout à fait comparable à une

Rhynchonelle du Lias moyen de Sicile que Gemmellaro rapporte à *Rhynchonella serrata* Sow. Elle n'en diffère que par sa taille un peu plus considérable.

Par ses plis anguleux, saillants et de très forte taille, cette espèce se rapproche de *Rhynchonella Guembeli* Oppel des couches d'Hierlatz (Oppel, loc. cit., tome 13, p. 545, pl. 13, fig. 3) ; mais elle s'en distingue par sa forme plus large et par ses plis nombreux et plus serrés.

Il se peut que *Rhynchonella Guembeli* Oppel soit la forme ancestrale de *Rhynchonella serrata* Sow.

Répartition stratigraphique. — Cette espèce est caractéristique du Lias moyen de Normandie et d'Angleterre. Gemmellaro la cite dans la zone à Pygope Aspasia des calcaires liasiques de la province de Palerme (Sicile). Enfin M. Ficheur a signalé cette espèce dans les calcaires liasiques du massif de l'Ouarsenis en Algérie, et M. Kilian dans le Lias moyen d'Andalousie (Kilian, Mission d'Andalousie, 1889. p. 613).

Rhynchonella flabellum Meneghini

(Pl. I, fig. 8)

1874 *Rhynchonella flabellum* Meneghini. — Gemmellaro. Sopra i fossili della zona con Terebratula Aspasia della provincia di Palermo e di Trapani ; p. 83, pl. 11, fig. 25, 26, 27.

1884 *Rhynchonella flabellum* Meneghini. — Parona. I Brachiopodi liassici de Saltrio e Arzo nelle Prealpi lombarde. Mem. R. ist. Lombardo di Sc. et Lettri ; p. 241, pl. 1. fig. 13.

1892 *Rhynchonella flabellum* Meneghini. — Parona. Revisione della fauna liasica di Gozzano. Mem. R. Accad. di Sc. di Torino. Série 2. tome 43, p. 36, pl. 2. fig. 9.

Diagnose. — Longueur : 12^{m}/^{m} ; largeur : 14^{m}/^{m} ; épaisseur : 6^{m}/^{m}5.

Coquille assez comprimée, dilatée transversalement et de forme subtriangulaire.

Les valves sont peu convexes et présentent chacune à peu près la même convexité. La grande valve présente vers la région frontale une dépression large et très peu profonde, à laquelle correspond sur la petite valve un renflement large et très peu saillant. Le crochet est assez court et aigu, et se termine latéralement par une carène assez courte. Les valves se réunissent sous un angle assez aigu. De forme triangulaire à la partie postérieure, les valves présentent un contour largement arrondi sur le bord antérieur.

La surface des valves est ornée de plis peu saillants, peu anguleux, souvent même légèrement arrondis, assez larges et peu serrés. Ils s'étendent des crochets aux bords des valves en s'élargissant graduellement et en divergeant ; les plis latéraux sont divergents et légèrement arqués extérieurement. La grande valve porte 9 plis médians larges et un peu arrondis, flanqués de part et d'autre de 4 plis plus fins, plus anguleux et plus serrés et diminuant d'importance à mesure que l'on se rapproche de la commissure latérale des valves. La petite valve porte 8 plis médians larges et un peu arrondis, flanqués de part et d'autre de 4 petits plis latéraux analogues à ceux de la grande valve.

Rapports et différences. — Par sa forme comprimée, dilatée transversalement et subtriangulaire, et par la disposition et le nombre des plis larges, arrondis et divergents, cette espèce est tout à fait comparable à celle décrite et figurée par Gemmellaro et désignée par cet auteur sous le nom de *Rhynchonella flabellum* Meneghini (Gemmellaro, loc. cit.).

Voisine de *Rhynchonella Greppini* Oppel, des couches d'Hierlatz (Oppel. Uber die Brachiopoden des untern Lias. Zeitschrift der deutschen geologischen Gesellschaft ; tome 13, p. 545, pl. 13, fig. 1-2), elle en diffère par ses plis moins saillants et moins anguleux, par sa forme moins dilatée transversalement et par l'absence de dépression sur la commissure latérale des valves de part et d'autre du crochet.

Voisine également de *Rhynchonella rimata* Oppel des couches d'Hierlatz (Oppel, loc. cit., tome 13, p. 542, pl. 12, fig. 2), elle s'en distingue par sa forme plus aplatie et ses plis un peu plus nombreux ; enfin la dépression médiane de la partie antérieure de la grande valve est bien moins accentuée.

Répartition stratigraphique. — Gemmellaro cite cette forme dans la zone à Pygope Aspasia des calcaires liasiques de la province de Palerme (Sicile). Elle a été également signalée dans les Préalpes de Lombardie et dans le Piémont, ainsi que dans l'Épire.

TEREBRATULIDÆ Gray

TEREBRATULA Klein

Les diverses Terebratules, assez abondantes dans cette faune en
individus et en espèces, présentent des caractères assez spéciaux.
D'une façon générale ce sont des Terebratules lisses, dont la commissure des deux valves sur le bord frontal est ordinairement rectiligne ou à peu près rectiligne, et dont le crochet est peu développé,
plus ou moins caréné sur les flancs et pourvu d'un foramen d'assez
petite taille. Au point de vue des caractères externes, ces Terebratules
paraissent donc pour la plupart plutôt appartenir au sous-genre
Zeilleria ; mais l'impossibilité d'étudier leurs caractères internes et
en particulier la forme de leurs appareils brachiaux ne permet pas
cette détermination générique d'une façon absolument rigoureuse.
Je me baserai donc provisoirement, pour leur distinction en sous-
genre, sur les caractères externes et je conserverai le plus souvent
les appellations génériques que leur ont respectivement données jusqu'ici les différents auteurs et qui sont généralement admises dans
l'état actuel de nos connaissances.

Terebratu'a (Zeilleria) Catharinœ Gemmellaro

(Pl. I, fig. 1. — Pl. III, fig. 3)

1874. *Waldheimia Catharinœ* Gemmellaro. — Gemmellaro. Sopra i fossili della
  zona con Terebratula Aspasia della provincia di Palermo e di Trapani ;
  p. 65, pl. 10, fig. 12-13.
1889 *Zeilleria Partschi* Oppel in Kilian. — Kilian. Mission d'Andalousie ;
  p. 611 ; pl. 24, fig. 3.

Diagnose. — Longueur : $14^{m}/^{m}$; largeur : $12^{m}/^{m}$; épaisseur : $7^{m}/^{m}5$.
Longueur : $17^{m}/^{m}5$; largeur : $15^{m}/^{m}$; épaisseur : $8^{m}/^{m}$.
Coquille de forme subtriangulaire, un peu plus longue que large
et tronquée sur le bord antérieur. Assez épaisse à la partie postérieure, la coquille va en s'amincissant vers la commissure antérieure
des valves.

Les deux valves sont convexes, presque lisses et ornées de très fines
stries d'accroissement à peine visibles. La grande valve est un peu
plus convexe que la petite. Les valves se rencontrent sur les côtés sous
un angle obtus et sur la partie antérieure sous un angle assez aigu.
La commissure des deux valves est sensiblement rectiligne. Le cro-

chet est recourbé, assez large, légèrement caréné sur les flancs, et se termine par un foramen d'assez petite taille.

Rapports et différences. — Cette forme est tout à fait comparable à celle décrite et figurée par Gemmellaro sous le nom de *Waldheimia Catharinœ* et provenant de la zone à Pygope Aspasia du Lias moyen de Sicile (Gemmellaro, loc. cit.). Elle rappelle aussi assez exactement une espèce du Lias moyen d'Andalousie figurée par M. Kilian et rapportée par cet auteur à *Zeilleria Partschi* Oppel, des couches d'Hierlatz (Kilian, loc. cit.).

Voisine de *Waldheimia securiformis* Gemmellaro (Gemmellaro, loc. cit., p. 66, pl. 10, fig. 10-11), elle en diffère par sa forme moins triangulaire et plus arrondie sur les côtés, par sa moindre épaisseur et par l'absence de la dépression qui s'étend sur la commissure latérale des valves depuis les crochets jusqu'à la région frontale.

Cette forme rappelle également *Terebratula Erbaensis* Suess, du calcaire rouge ammonitique de Lombardie (*calcare rosso ammonitico* des géologues italiens) (Meneghini, Monographie des fossiles du calcaire rouge ammonitique de Lombardie et de l'Apennin central ; p. 165, pl. 29, fig. 4-8) ; toutefois elle s'en distingue par sa forme plus courte et moins triangulaire, par ses flancs qui sont convexes au lieu d'être concaves, et par l'absence de cette dépression allongée et caractéristique située sur la commissure latérale des valves.

Enfin cette espèce présente aussi quelques affinités avec *Terebratula Waterhousi* Davidson du Lias moyen et signalée par M. Ficheur dans le Lias moyen du Djurjura (Davidson, Monog. of British oolitic and liasic Brachiopoda ; p. 31, pl. 5, fig. 12-13). Toutefois cette dernière espèce est plus renflée, et, surtout, elle présente un léger sinus sur la commissure antérieure des valves, tandis que la commissure antérieure des valves est à peu près rectiligne dans notre espèce.

Répartition stratigraphique. — Gemmellaro cite cette forme dans la zone à Pygope Aspasia des calcaires liasiques des environs de Palerme (Sicile), et M. Kilian dans la même zone du Lias moyen d'Andalousie.

Terebratula (Zeilleria) stapia Oppel

1861 *Terebratula (Waldheimia) stapia* Oppel. — Oppel. Uber die Brachiopoden des untern Lias. Zeitschrift der deutschen geologischen Gesellschaft ; tome 13, p. 539, pl. 11, fig. 2 *a, b, c, d*.

1874 *Waldheimia stapia* Oppel. — Gemmellaro. Sopra i fossili della zona con
Terebratula Aspasia della provincia di Palermo e di Trapani ; p. 67,
pl. 10, fig. 14.

1892 *Waldheimia stapia* Oppel. — Parona. Revisione della fauna liasica di
Gozzano. Mem. R. Accad. di Sc. di Torino ; série 2, t. 43 ; p. 46,
pl. 2, fig. 92.

Diagnose. — Longueur : 13 $^{m}/^{m}$ 5 ; largeur : 12 $^{m}/^{m}$; épaisseur :
8 $^{m}/^{m}$ 5.

Coquille de forme subrectangulaire, plus longue que large, tronquée et presque rectiligne à la partie antérieure, et présentant un
contour ogival à la partie postérieure.

Les deux valves sont assez convexes. La grande valve est un peu
plus convexe que la petite. Le crochet est large et peu proéminent,
et porte un foramen d'assez petite taille. Les valves se rencontrent
sous un angle plus obtus sur les flancs que sur la partie antérieure.
La commissure des valves est rectiligne.

Rapports et différences. — Cette espèce présente bien les caractères
de la coquille décrite et figurée par Oppel sous le nom de *Waldheimia*
stapia des couches d'Hierlatz (Oppel, loc. cit.). Elle est également
tout à fait comparable à celle rapportée par Gemmellaro à *Waldhei-*
mia stapia Oppel et provenant de la zone à Pygope Aspasia du Lias
moyen de Sicile (Gemmellaro, loc. cit.).

Elle diffère dè *Waldheimia Catharinœ* Gemmellaro par sa forme
moins triangulaire, par la forme rectangulaire de sa partie antérieure, par la forme ogivale et plus arrondie de sa partie postérieure,
et enfin par la plus grande convexité de ses valves, qui se rencontrent sous un angle plus obtus.

Répartition stratigraphique. — Gemmellaro cite cette espèce dans
la zone à Pygope Aspasia des calcaires liasiques des environs de
Palerme (Sicile). Oppel la signale dans les couches d'Hierlatz, et
Parona à Gozzano dans le Piémont.

Terebratula (Zeilleria) sarthacensis d'Orb.

1849 *Terebratula sarthacensis* d'Orbigny — D'Orbigny. Prodrome, n° 270,
p. 258.

1863 *Terebratula (Waldheimia) sarthacensis* d'Orb. — Deslongchamps. Paléont.
française. Tome 6, p. 130, pl. 31, fig. 1-8.

1880 *Waldheimia sarthacensis* d'Orb. — Choffat. Étude stratigraphique et
      paléontologique des terrains jurassiques du Portugal. Tome 1. Le Lias
      et le Dogger au Nord du Tage, p. 9 et 12.
1882 *Waldheimia (Zeilleria) sarthacensis* d'Orb. — Haas et Petri. Brachiopoden
      der juraformation von Elsass-Lothringen, p. 279, pl. 14, fig. 5-9, 15-16.
1884 *Waldheimia (Zeilleria) sarthacensis* d'Orb. — Parona. I Brachiopodi
      liassici di Saltrio e Arzo nelle Prealpi lombarde. Mem. R. ist. Lom-
      bardo di Sc. e Lettri ; p. 257, pl 6, fig. 4-21.
1885 *Zeilleria sarthacensis* d'Orb. — Haas. Etude monographique et critique
      des Brachiopodes rhétiens et jurassiques des Alpes vaudoises. Mémoires
      de la Société paléontologique suisse, tome 11, p. 121, pl. 7. fig. 1-3,
      11, 15, 19-21, 24.
1892 *Waldheimia sarthacensis* d'Orb. — Parona. Revisione della fauna liasica
      di Gozzano. Mem. R. Accad. di Sc. di Torino. série 2, t. 43, p. 51,
      pl. 2, fig. 29.

Diagnose. — Longueur : 25 $^{m/m}$; largeur : 19 $^{m/m}$.

Coquille d'assez grande taille, allongée, subpentagonale et tronquée sur la partie frontale. Le crochet est allongé, aplati, peu
recourbé et caréné latéralement. La surface des valves est ornée
de lamelles concentriques d'accroissement recoupées par des stries
rayonnantes.

Rapports et différences. — Par cet ensemble de caractères assez
spéciaux, cette espèce paraît bien conforme à *Terebratula (Waldheimia) sarthacensis* d'Orb. telle qu'elle a été décrite et figurée par
Deslongchamps (Deslongchamps, loc. cit.).

Répartition stratigraphique. — Cette espèce est caractéristique du
Lias moyen, où elle se rencontre souvent associée à *Zeilleria numismalis* Lamk. Deslongchamps la cite dans le Lias moyen de Normandie, de l'Yonne, de l'Aveyron et du Var ; Haas et Petri l'ont
signalée dans le Lias moyen de Lorraine et dans les Alpes vaudoises ;
Parona dans le Lias moyen des Préalpes lombardes et du Piémont et
Choffat dans le Lias moyen du Portugal.

Terebratula (Zeilleria) subnumismalis Davidson

(Pl. II, fig. 2. — Pl. III, fig. 4)

1851 *Terebratula numismalis* var. *subnumismalis* Davidson. — Davidson. A
      monog. of British oolitic and liasic Brachiopoda : p. 38, pl. 5, fig. 10.
1862 *Terebratula (Waldheimia) subnumismalis* Davidson. — Deslonchamps.
      Paléontologie française. Terrains jurassiques ; tome 6, p, 124, pl. 28,
      fig. 1.

1884 *Waldheimia (Zeilleria) subnumismalis* Davidson.— Parona, I Brachiopode
    liassici de Saltri e Arzo nelle Prealpi lombarde. Mem. R. ist. Lombardo di Sc. e Lettri ; p. 257, pl. 5, fig. 8-10.

1892 *Waldheimia subnumismalis* Davidson. — Parona. Revisione della fauna
    liasica di Gozzano. Mem. R. Accad. di Sc. di Torino ; série 2. t. 43, p. 52, pl. 1. fig. 26.

Diagnose. — Longueur : 13 $^\text{m}/^\text{m}$; largeur : 12 $^\text{m}/^\text{m}$; épaisseur : 5 $^\text{m}/^\text{m}$ 5.

Coquille d'assez petite taille, légèrement déprimée, de forme sub-circulaire, à peine plus longue que large, au contour arrondi à la partie antérieure et sur les côtés et un peu rétrécie à la partie postérieure au voisinage du crochet. Les valves sont à peu près également convexes, la grande valve étant cependant très légèrement plus convexe que la petite. La petite valve est assez remplie surtout à la partie postérieure au voisinage du crochet. Les valves sont lisses et présentent de fines stries concentriques d'accroissement peu visibles. Les valves se rencontrent sous un angle assez aigu ; la commissure des valves est rectiligne avec un infléchissement extrêmement faible sur la région frontale. Le crochet de la grande valve est assez large, peu recourbé et caréné sur les flancs.

Rapports et différences. — Cette forme assez spéciale ne semble pouvoir être rapportée qu'à *Terebratula subnumismalis* Davidson (Davidson, loc. cit.) et en particulier à une variété de cette espèce distinguée par Deslongchamps et caractérisée par son contour externe régulièrement arrondi (Deslongchamps, loc. cit., p, 126, pl. 28, fig. 1). A ce point de vue notre échantillon diffère un peu de la figure type de Davidson, dont le contour est moins circulaire et dont le bord frontal présente une légère échancrure. D'ailleurs, Deslongchamps insiste sur la variabilité de ces caractères dans cette espèce. Cette particularité peut s'expliquer aussi par ce fait que notre spécimen appartient sans doute à un individu relativement jeune.

Cette espèce diffère de *Zeilleria numismalis* Lamarck par sa forme beaucoup plus remplie, par ses valves plus convexes, par son crochet plus développé et plus large, et par son foramen plus grand.

Répartition stratigraphique. — Cette espèce est caractéristique du Lias moyen en Europe et notamment en Normandie et en Angleterre. Elle a été signalée également dans le Lias moyen du Maroc dans le massif des Beni Snassen par M. Gentil et par Parona dans le Lias moyen des Préalpes lombardes ainsi que dans le Piémont.

Terebratula (Zeilleria) Taramellii Gemmellaro

(Pl. II, fig. 3. — Pl. III fig. 5)

1874. *Terebratula Taramellii* Gemmellaro. — Gemmellaro. Sopra i fossili della zona con Terebratula Aspasia della provincia di Palermo e di Trapani ; p. 61, pl. 11, fig. 5-6.

Diagnose. — Longueur : 12 $^{m/m}$; largeur : 12 $^{m/m}$; épaisseur : 5 $^{m/m}$.

Coquille de petite taille, aussi large que longue, au contour à peu près circulaire et de forme assez déprimée.

Les valves sont lisses. La grande valve est un peu plus convexe que la petite ; cette dernière présente un léger renflement à la partie postérieure. Le crochet est petit, fin et recourbé ; le foramen est de taille médiocre ; le crochet se termine par deux carènes latérales très courtes et très fines. Les deux valves se réunissent sous un angle assez aigu, et la commissure des valves est droite et sans inflexion.

Rapports et différences. — Cette espèce est tout à fait conforme à une Terebratule du Lias moyen de Sicile figurée et décrite par Gemmellaro sous le nom de *Terebratula Taramellii*. (Gemmellaro, loc. cit.). Cette espèce est assez voisine du groupe de *Zeilleria numismalis*.

Elle diffère de *Terebratula rudis* Gemmellaro par sa forme plus aplatie et plus large, par sa partie postérieure moins étroite, et par son crochet moins large, moins développé, moins saillant, moins recourbé, plus fin et plus aigu.

Répartition stratigraphique. — Gemmellaro cite cette espèce dans la zone à Pygope Aspasia du Lias de la province de Palerme (Sicile).

Terebratula (Zeilleria) numismalis Lamarck

(Pl. II, fig. 4. - Pl. III, fig. 6)

1819 *Terebratula numismalis* Lamk. — Lamarck. Animaux sans vertèbres, 6ᵉ vol., nᵒ 22.

1833 *Terebratula numismalis* Lamk. — Zieten. Die Versteinerunger Württembergs ; p. 52, pl. 39, fig. 5.

1851 *Terebratula numismalis* Lamk. — Davidson. Monog. of British oolitic and liasic Brachiopoda ; p. 36, pl. 5, fig. 4-9.

1851 *Terebratula numismalis* Lamk. — Quenstedt. Petrefactenkunde Deutschlands : Brachiopoden.; tome 2, p. 302, pl. 35, fig. 93-121.

1858 *Terebratula numismalis* Lamk. — Quenstedt. Der Jura ; p. 142, pl. 17, fig. 37.

1862 *Terebratula (Waldheimia) numismalis* Lamk. — Deslongchamps. Pal. franc. terr. jur. ; tome 6 ; Brachiopodes ; p. 83, pl. 13, pl. 14, fig. 1-5.

1874 *Waldheimia numismalis* Lamk. — Gemmellaro, Sopra i fossili della zona con Terebratula Aspasia della provincia di Palermo e di Trapani ; p. 70 pl 11, fig. 7-10.

Diagnose. — Longueur : 11 $^m/_m$; largeur : 10 $^m/_m$; épaisseur : 4 $^m/_m$ 5.

Coquille de petite taille, de forme subcirculaire, déprimée et aplatie, dont la longueur ne dépasse guère la largeur, et très légèrement tronquée sur la partie frontale.

Les deux valves sont à peu près également convexes ; elles se réunissent sous un angle assez aigu. La commissure des valves est droite et sans trace d'inflexion. La surface des valves est lisse et brillante et ornée de très légères lignes d'accroissement. Le crochet est de petite taille, fin, aigu, peu recourbé ; il se termine par de fines et courtes carènes latérales. Le foramen est extrêmement petit.

Rapports et différences. — L'échantillon figuré ici représente un individu assez jeune. Toutefois il présente bien dans son ensemble la forme, les dimensions relatives et les caractères de Terebratula numismalis Lamk, tels qu'ils ont été définis par les divers auteurs.

Cet échantillon est particulièrement conforme à celui figuré pl. 14, fig. 5 Deslong. Pal. fr. terr. jur. ; tome 6, Brachiopodes, p. 83). Je ferai observer que, comme notre échantillon, cette figure ne présente pas, sur la partie antérieure de la région frontale des valves, la petite échancrure qui s'observe en général dans cette espèce. Le bord frontal des valves est simplement légèrement tronqué. Cela provient sans doute de ce qu'il s'agit ici d'un individu jeune, chez lequel ce caractère est insuffisamment développé. Mais sa forme subcirculaire, déprimée et aplatie, l'exiguïté du crochet qui est à peine recourbé, la très petite taille du foramen, et enfin la commissure des valves qui est droite sur tout le pourtour de la coquille sont des caractères suffisants pour permettre de le rapporter sans aucun doute à cette espèce.

Répartition stratigraphique. — Cette espèce est essentiellement caractéristique du Lias moyen. Zieten la cite dans les marnes liasiques de Pliensbach. Davidson, Quenstedt et Deslongchamps la signalent dans le Lias moyen d'Angleterre, d'Allemagne et de France. Gemmellaro l'a recueillie dans la zone à Pygope Aspasia des calcaires liasiques des environs de Palerme (Sicile). Elle a été rencontrée par M. Ficheur dans le Lias moyen du massif de l'Ouarsenis, en Algérie, et par M. Gentil dans le Lias moyen du massif des Beni Snassen, au Maroc. Enfin Choffat la mentionne dans le Lias moyen du Portugal.

Terebratula rudis Gemmellaro

(Pl. II, fig. 5. — Pl. III, fig. 7)

1874 *Terebratula rudis* Gemmellaro. — Gemmellaro. Sopra i fossili della zona con Terebratula Aspasia della provincia di Palermo e di Trapani ; p. 60, pl. 10, fig. 21-22.

Diagnose. — Longueur : 12 $^{m}/^{m}$ 5 ; largeur : 12 $^{m}/^{m}$; épaisseur : 5 $^{m}/^{m}$ 5.

Coquille d'assez petite taille, très légèrement plus longue que large, au contour ovalo-circulaire. La grande valve est beaucoup plus convexe que la petite. La surface des valves est lisse et ornée de quelques lamelles concentriques d'accroissement assez accentuées, disposées en forme de gradins. La petite valve présente sur la partie antérieure un très léger sinus médian. Le crochet de la grande valve est dépourvu de carènes latérales ; il est assez fortement recourbé en avant et masque l'aréa. Le foramen est de taille moyenne et arrondi. Les valves se rencontrent sous un angle aigu et la commissure des valves est rectiligne sur les parties latérales comme sur la partie frontale de la coquille.

Rapports et différences. — Par sa forme générale et ses dimensions relatives, par la présence de lamelles concentriques d'accroissement assez fortes sur la surface des valves et d'une légère dépression médiane sur la surface antérieure de la petite valve et enfin par les caractères du crochet, cette petite Terebratule est tout à fait conforme à celle décrite et figurée par Gemmellaro sous le nom de *Terebratula rudis* (Gemmellaro, loc. cit.).

J'ajouterai que Gemmellaro a figuré aussi une variété de cette espèce qu'il a désignée sous le nom de *T. rudis* var. *rigonfiata* (Gemmellaro, loc. cit. pl. 10, fig. 20). Mais cette dernière est beau-

3

coup plus renflée et plus globuleuse que notre échantillon qui se rapporte bien à l'espèce type.

Répartition stratigraphique. — Gemmellaro cite cette espèce dans la zone à Pygope Aspasia des calcaires liasiques de la province de Palerme (Sicile).

Terebratula sphenoidalis Meneghini

Pl. II, fig. 6)

1874 *Terebratula sphenoidalis* Meneghini. — Gemmellaro. Sopra i fossili della zona con Terebratula Aspasia della provincia di Palermo e di Trapani ; p. 62, pl. 10, fig. 16-19.

1892 *Terebratula sphenoidalis* Meneghini. — Parona. Revisione della fauna liasica di Gozzano. Mem. R. Accad. di Sc. di Torino, série 2, t. 43, p. 41, pl. 2, fig. 13.

Diagnose. Longueur : 16 $^{m/m}$; largeur : 14 $^{m/m}$ 5 ; épaisseur : 7 $^{m/m}$ 5.

— — 17 $^{m/m}$ — 15 $^{m/m}$ 5 — 8 $^{m/m}$

Coquille de taille moyenne, de forme ovale, légèrement dilatée latéralement. Les valves sont convexes. La grande valve est un peu plus convexe que la petite. Les valves se rencontrent sous un angle aigu. La commissure des valves est droite sur les côtés et très légèrement infléchie sur la région frontale. Les valves sont ornées de quelques lamelles concentriques d'accroissement ; ces dernières sont particulièrement accentuées sur la petite valve. Le crochet est de petite taille, plus ou moins recourbé contre la petite valve et dépourvu de carènes latérales. Le foramen est étroit.

Rapports et différences. — Cette espèce, par sa forme, ses dimensions relatives et ses caractères, est tout à fait conforme à *Terebratula sphenoidalis* Meneghini, telle que cette espèce a été figurée et décrite par Gemmellaro (Gemmellaro, loc. cit.).

Elle présente certaines affinités avec *Terebratula Andleri* Oppel, des couches d'Hierlatz (Oppel, loc. cit., p. 536, pl. 10, fig. 4) ; mais elle est moins épaisse, moins globuleuse, et elle présente son maximum d'épaisseur au voisinage du crochet et non vers la partie antérieure comme dans l'espèce d'Oppel ; enfin son contour est arrondi sur la partie frontale, tandis qu'il est tronqué dans l'espèce d'Oppel, et son crochet est plus petit, plus étroit, plus fin, plus aigu et un peu moins recourbé.

Répartition stratigraphique. — Gemmellaro cite cette espèce dans la zone à Pygope Aspasia du Lias moyen des environs de Palerme (Sicile), et très récemment M. Savornin l'a signalée dans le Lias moyen du massif du Bou Taleb (Algérie). Parona l'a rencontrée également dans le Lias moyen à Gozzano dans le Piémont.

Terebratula Andleri Oppel
(Pl. II, fig. 7)

1861 *Terebratula Andleri* Oppel. — Uber die Brachiopoden des untern Lias. Zeitschrift der deutschen geologischen Gesellschaft ; tome 13, p. 536, pl. 10, fig. 4.

Diagnose. — Longueur : 21 $^{m/m}$ 5 ; largeur : 19 $^{m/m}$: épaisseur : 12 $^{m/m}$.

Coquille de taille moyenne, de forme subovale, légèrement globuleuse, un peu plus longue que large et tronquée sur la région frontale.

Les valves sont convexes. La grande valve est plus convexe que la petite ; cette dernière présente une très légère dépression médiane à peine indiquée vers le bord antérieur. Les deux valves sont ornées de lamelles concentriques d'accroissement assez fortes et de plus en plus accentuées à mesure que l'on rapproche de la commissure des valves. Le maximum d'épaisseur de la coquille se trouve à peu près situé vers le tiers antérieur des valves. Les valves se réunissent sous un angle peu aigu. La commissure des valves est un peu arquée sur les flancs et droite sur la partie frontale. Le crochet est de taille moyenne, assez recourbé et se termine par des carènes latérales assez épaisses, arrondies et de médiocre longueur. Le foramen est de taille assez petite.

Rapports et différences. — Cette espèce est tout à fait comparable à la Terebratule décrite et figurée par Oppel sous le nom de *Terebratula Andleri* (Oppel, loc. cit.) des couches d'Hierlatz.

Elle présente certaines affinités avec *Terebratula Moorei* Davidson du Lias moyen (Davidson, Sur quelques Brachiopodes nouveaux. *Bull. Soc. géol. de France* ; 2e série, tome 7, p. 73, pl. 1, fig. 21-23), mais elle en diffère par son épaisseur moins considérable et par ce fait que la dépression médiane de la petite valve est beaucoup moins accentuée.

Répartition stratigraphique. — Oppel cite cette espèce dans les couches d'Hierlatz et M. Kilian dans la zone à Pygope Aspasia du Lias moyen d'Andalousie (Kilian, Mission d'Andalousie, 1889, p. 611).

Terebratula Engelhardti Oppel
(Pl. II fig. 8)

1861 *Terebratula (Waldheimia) Engelhardti* Oppel. — Oppel. Uber die Brachiopoden des untern Lias. Zeitschrift der deutschen geologischen Gesellschaft, tome 13, p. 537, pl. 10, fig. 5.
1874 *Waldheimia Engelhardti* Oppel. — Gemmellaro. Sopra i fossili della zona
con Terebratula Aspasia della provincia di Palermo et di Trapani ;
p. 68, pl. 10, fig. 15.

Diagnose. — Longueur : 23 $^{m}/_{m}$; largeur : 22 $^{m}/_{m}$; épaisseur : 12 $^{m}/_{m}$ 5.

Coquille de taille moyenne, de forme subpentagonale, un peu plus longue que large et largement tronquée sur la partie frontale.

Les valves sont assez convexes et présentent chacune à peu près la même convexité, la grande valve étant cependant un peu plus convexe que la petite. Elles sont ornées de lamelles concentriques d'accroissement, particulièrement accentuées sur la petite valve et de plus en plus serrées à mesure que l'on se rapproche de la commissure des valves. La commissure des valves est légèrement incurvée sur les flancs et presque droite sur la région frontale. La petite valve est assez fortement renflée à sa partie postérieure au voisinage du crochet et elle présente un méplat sur sa partie anté-rieure. Le crochet est de taille moyenne, assez large, moyennement recourbé et se termine par des carènes latérales assez larges, et de médiocre longueur. Le foramen est de taille médiocre et paraît arrondi.

Rapports et différences. — C'est de *Terebratula (Waldheimia) Engelhardti*, Oppel (Oppel, loc. cit.) des couches d'Hierlatz, que cette Terebratule se rapproche le plus. Toutefois son crochet est un peu plus étroit et un peu plus recourbé, ses carènes latérales sont moins longues, sa forme est un peu moins dilatée transversalement à la partie postérieure, et la commissure des valves un peu plus rectiligne sur la partie frontale. Par ces deux derniers caractères notre échantillon se rapprocherait un peu de *Terebratula (Waldhei-*

mia, mutabilis Oppel) espèce provenant également des couches d'Hier-latz ; mais elle s'en distingue par sa forme plus renflée, par l'absence de méplat sur la partie antérieure médiane des valves et par ses carènes moins longues et moins tranchantes. Elle paraît représenter un type intermédiairement évolué entre *T. Engelhardti* Oppel, des couches d'Hierlatz, et *T. Engelhardti* Oppel in Gemmellaro, des couches à Pygope Aspasia du Lias moyen de Sicile, et paraît plus voisine de cette dernière.

Cette forme présente aussi quelques affinités avec *Terebratula (Waldheimia) subnumismalis* Davidson (Pal. fr. terr. jur. ; tome 6. Brachiopodes, p. 124, pl. 27-28-29), mais elle est plus renflée, son crochet est plus recourbé et plus infléchi sur la petite valve et les carènes latérales du crochet sont beaucoup moins longues, moins distinctes et moins tranchantes.

Répartition stratigraphique. — Oppel cite cette espèce dans les couches d'Hierlatz et Gemmellaro dans la zone à Pygope Aspasia du Lias moyen de Sicile.

Terebratula Jauberti Deslongchamps
(Pl. III, fig. 8)

1862 *Terebratula Jauberti* Deslongchamps. — Deslongchamps. Étude critique sur des Brachiopodes nouveaux ou peu connus : Brachiopodes du Lias de l'Espagne ; p. 72, pl. 11, fig. 1.
1863 *Terebratula Jauberti* Deslongchamps. — Deslongchamps. Pal. franc. terr. jurassiques : Brachiopodes ; tome 6, p. 176, pl. 46, pl. 47, fig. 1-3.
1911 *Terebratula Jauberti* Deslongchamps. — Flamand. Recherches géologiques et géographiques sur le Haut-Pays de l'Oranie et sur le Sahara, p. 869, pl. 3, fig. 14.

Diagnose. — Coquille de taille moyenne, de forme arrondie, élargie vers la région postérieure au voisinage du crochet, et lisse.

Les valves sont à peu près également convexes, à courbure régulière, assez renflées, et unies sous un angle assez émoussé. La petite valve est assez bombée. Le crochet est court, large à la base, peu recourbé et se termine par deux carènes latérales peu prononcées. Le foramen est d'assez petite taille et arrondi.

Rapports et différences.— Cette Terebratule paraît bien conforme à la description et à la figure données par Delongchamps de *Terebratula Jauberti*. (Deslongchamps, loc. cit.).

Répartition stratigraphique. — Deslongchamps cite cette espèce dans le Lias moyen d'Espagne et, en France, dans le Lias moyen du Var, de la Lozère et de la Sarthe. M. Flamand l'a signalée dans le Lias moyen de l'Oranie, à Tifrit-Saïda.

Terebratula punctata Sowerby

1812   *Terebratula punctata* Sowerby. — Sowerby. Min. Couch. ; tome 1, p. 46 pl. 15, fig. 4.

1851   *Terebratula punctata* Sowerby. — Davidson. Monog. of British oolitic and liosic Brachiopoda ; p. 45, pl. 6, fig. 1-6.

1856   *Terebratula punctata* Sowerby. — Quenstedt der Jura ; p. 144, pl. 18, fig. 5.

1863   *Terebratula punctata* Sowerby. — Deslongchamps. Pal. franc. terr. jurassiques : Brachiopodes ; t. 6, p. 160, pl. 40, fig. 1-9 ; pl. 41, fig. 1-2.

1892   *Terebratula punctata* Sowerby. — Parona, I Brachiopodi liassici de Seltri e Arzo nelle Prealpi lombarde Mem. B. Ist. Lombardo di Sc. e Lettri ; p. 249, pl. 4, fig. 1-14.

1911   *Terebratula punctata* Sowerby. — Flamand. Recherches géologiques et géographiques sur le Haut-Pays de l'Oranie et sur le Sahara ; p. 871, pl. 3, fig. 13.

Diagnose. — Coquille d'assez forte taille, de forme ovale, plus longue que large, renflée vers les crochets et un peu tronquée sur la région frontale.

Les valves sont à peu près également convexes, unies sous un angle très émoussé et recouvertes de stries d'accroissement assez fines et peu visibles. La grande valve est assez renflée et à courbure régulière. Le crochet est épais et peu recourbé, et est à peu près dépourvu de carènes latérales. Le foramen est d'assez grande taille.

Rapports et différences. — Cette Terebratule est bien conforme aux descriptions et aux figures donnés par les différents auteurs de *Terebratula punctata* Sow. Elle paraît également voisine de *Terebratula gozzanensis* Parona du Lias moyen de Gozzano en Piémont (Parona, loc. cit., p. 42, pl. 2, fig 14-17).

Répartition stratigraphique. — Cette espèce est caractéristique du Lias moyen d'Europe. En Algérie, M. Ficheur a signalé sa présence dans le Lias moyen du massif de l'Ouarsenis. M. Flamand dans le Lias moyen de l'Oranie, à Tifrit-Saïda, et M. Gentil dans le Lias moyen du massif des Beni Snassen, au Maroc. Très récemment M. Savornin l'a rencontrée dans le Lias moyen du massif du Bou-

Taleb. Elle a été signalée également dans le Lias moyen en Espagne (Andalousie), aux îles Baléares, en Calabre et dans les Balkans. Enfin, Parona la cite dans le Lias moyen des Préalpes de Lombardie.

PYGOPE Lamk

Terebratula (Pygope) Aspasia Meneghini var. *minor* Zittel

(Pl. III, fig. 9)

1853 *Terebratula Aspasia* Meneghini. — Meneghini. Nuovi fossili Toscani, p. 13.
1869 *Terebratula Aspasia* Meneghini. — Zittel. Geologische Beobachtungen aus den Central-Apeninnen, p. 38, pl. 14, fig. 1-4.
1874 *Terebratula Aspasia* Gemmellaro. Sopra i fossili della zona con Terebratula Aspasia della provincia di Palermo e di Trapani ; p. 63, pl. 11, fig. 1-3.
1881 *Terebratula Aspasia* Meneghini. — Meneghini. Monographie des fossiles du calcaire rouge ammonitique de Lombardie et de l'Apennin central. (Paléontologie lombarde) ; p. 166, pl. 31, fig. 8-9.
1896 *Pygope Aspasia* Meneghini. — Fucini. Fauna del Lias medio del monte Calvi (Paleontographica italica ; tome II, p. 213, pl. 24, fig. 1).

Diagnose. — Longueur : 11 $^{m/m}$ 5 ; largeur ; 16 $^{m/m}$; épaisseur : 8 $^{m/m}$.

Coquille d'assez petite taille, de forme courte et très large et dont les parties latérales sont dilatées en forme d'ailes arrondies.

La petite valve est faiblement convexe et présente sur sa moitié antérieure un sinus médian large et profond prenant naissance à peu près vers le milieu de la valve et auquel correspond sur la grande valve un large saillant, arrondi, limité de chaque côté par un sillon et de plus en plus élargi et saillant à mesure que l'on se rapproche de la commissure des valves. La grande valve présente une convexité à courbure uniforme sur les ailes latérales ; elle est renflée dans le milieu vers le crochet et ce renflement donne naissance au bourrelet médian. La grande valve se termine par un crochet assez fort, large, formant un angle très obtus, recourbé sur la charnière et portant un foramen de petite taille et arrondi.

Les deux valves se réunissent à la périphérie sous un angle émoussé. Le bord cardinal et la charnière sont presque rectilignes. La commissure des valves est légèrement arquée sur les côtés et fortement échancrée sur la partie frontale par le sinus large, profond et arrondi de la petite valve.

La surface des valves est ornée de très fines stries d'accroissement concentriques peu apparentes.

Les variations de forme qui caractérisent cette curieuse coquille dépendent particulièrement du développement plus ou moins grand du sinus médian de la petite valve et de sa forme générale plus ou moins trapue.

Rapports et différences — Nos échantillons sont absolument identiques à ceux provenant du Lias moyen de Lombardie, de l'Apennin et de Sicile, et qui ont été figurés et décrits successivement par Meneghini, Zittel, Gemmellaro et Puccini sous le nom de *Terebratula Aspasia* var. *minor*.

Je ferai remarquer, en outre, que cette forme est très voisine de celle figurée et décrite par Oppel sous le nom de *Terebratula nimbata* provenant des couches d'Hierlatz. (Oppel. Uber die Brachiopoden des untern Lias. Zeitschrift der deutschen geologischen Gesellschaft ; tome 13, p. 550, pl. 12, fig. 4). Cette dernière espèce présente toutefois un sinus médian moins profond et moins prononcé. Il est vraisemblable d'admettre que *Terebratula nimbata* Oppel représente, dans le Lias inférieur, la forme ancestrale de *Terebratula aspasia* Meneghini du Lias moyen.

Répartition stratigraphique. — Ce brachiopode est une des formes les plus caractéristiques de la zone. Il a été signalé dans le Lias moyen de Lombardie et l'Apennin central par Meneghini, Zittel et Puccini, dans le Lias moyen de Sicile par Gemmellaro et en Tunisie au djebel Zaghouan, par MM. Ficheur et Haug. Enfin dernièrement M. Savornin l'a signalé dans le massif de Bou Taleb, en Algérie.

Terebratula (Pygope) Aspasia Meneghini var. *major* Zittel

(Pl. III, fig. 10)

1853 *Terebratula Aspasia* Meneghini. — Nuovi fossili Toscani, p. 13.

1869 *Terebratula Aspasia* Meneghini var. *major* Zittel — Zittel. Geologische Beobachtungen aus den Central-Apeninnen ; p. 48, pl. 14, fig. 1-4.

1871 *Terebratula Aspasia* Meneghini var. *major* Zittel. — Gemmellaro. Sopra i fossili delle zona con Terebratula Aspasia della provincia di Palermo e di Trapani ; p. 63, pl. 11, fig. 1-3.

1881 *Terebratula Aspasia* Meneghini var. *major* Zittel. — Meneghini. Monographie des fossiles du calcaire rouge ammonitique de Lombardie et de l'Apennin central (Paléontologie lombarde) ; p. 168

1889 *Pygope Aspasia* Meneghini var *major* Zittel. — Kilian. Mission d'Andalousie, p. 610, pl. 24, fig.
1911 *Pygope Aspasia* Meneghini var. *major* Zittel. — Flamand. Recherches
   géologiques et géographiques sur le Haut Pays de l'Oranie et sur le
   Sahara ; p. 872, pl. 3, fig. 7.

Diagnose.— Longueur : 16 $^{m}/^{m}$; largeur : 26 $^{m}/^{m}$; épaisseur : 12 $^{m}/^{m}$.

Cette coquille, bien que présentant dans son ensemble les caractères essentiels de l'espèce précédente, en diffère cependant par sa
taille plus considérable, par sa forme plus large et plus dilatée transversalement, par sa ligne cardinale plus longue et plus droite, par
les sinus de la petite valve qui est plus profond et plus large et prend
naissance à peu de distance du sommet, et enfin par la présence de
lamelles concentriques d'accroissement assez accentuées, particulièrement sur la petite valve.

Rapports et différences. — Cette forme peut être considérée comme
une variété de l'espèce précédente. Elle se rapporte parfaitement à
la variété *Terebratula (Pygope) Aspasia* Meneghini distinguée par
Zittel sous le nom de variété *major* (Zitel, loc. cit.) et successivement ensuite par Meneghini (Meneghini, loc. cit.), par Gemmellaro
(Gemmellaro, loc. cit.), par M. Kilian (Kilian, loc. cit.), et par
Flamand (Flamand, loc. cit.).

Répartition stratigraphique. — Cette variété accompagne presque
toujours *Terebratula (Pygope) Aspasia* Meneghini var. *minor* Zittel.

Zittel et Meneghini l'ont signalée dans le Lias moyen de Lombardie
et de l'Apennin central, où elle est associée à la variété *minor*.
Gemmellaro l'a rencontrée dans le Lias moyen de Sicile également
associée à la variété *minor*. Flamand cite cette forme au djebel
Malah (cercle de Méchéria) dans le Sud-Oranais. Enfin M. Kilian l'a
signalée dans le Lias moyen d'Andalousie.

SPIRIFERIDÆ King

SPIRIFERINA d'Orbigny

La présence du genre *Spiriferina*, genre exclusivement caractéristique des formations liasiques et représenté assez abondamment
dans cette faune par plusieurs formes bien spéciales, ne peut laisser
subsister aucun doute sur l'âge de cette dernière.

Spiriferina rostrata Schlotheim

(Pl. III, fig. 11)

1820 *Terebratulites rostratus* Schlotheim. — Schlotheim. Petrefactenkunde ;
 p. 260, pl. 16, fig. 4.

1833 *Delthyris rostrata* Zieten. — Zieten. Versteinerungen Wurttembergs ;
 p 51, pl. 38, fig. 3 (*a, b, c, d*).

1851 *Spirifer rostratus* Schlotheim. — Davidson. Monog. of British oolitic and
 liasic Brachiopoda ; p. 20, pl. 2, fig. 2.

1852 *Spirifer rostratus* Schlotheim. — Quenstedt. Handbuch der Petrefactenkunde ; p. 483, pl. 38, fig. 37.

1862 *Spiriferina rostrata* Schlotheim. — Deslongchamps. Étude critique sur
 des Brachiopodes nouveaux ou peu connus ; p. 10, pl. 2, fig. 7 ; p. 67,
 pl. 12, fig. 1, p. 354, pl. 28, fig. 7.

1871 *Spirifer rostratus* Schlotheim. — Quenstedt. Petrefactenkunde Deutschlands ; p. 528, pl 54, fig. 96.

1874 *Spiriferina rostrata* Schlotheim. — Gemmellaro. Sopra i fossili della zona
 con Terebratula Aspasia della provincia di Palermo e di Trapani ;
 p. 58, pl. 10, fig. 4.

1882 *Spiriferina rostrata* Schlotheim. — Haas und Petri. Die Brachiopoden
 der Juraformation von Elsass-Lotbringen ; p. 298, pl. 16, fig. 4. 67,
 8, 10, 11.

1892 *Spiriferina rostrata* Schlotheim. — Parona. Revisione della fauna liasica
 di Gozzano. Mem. R. Accad. di Sc. di Torino ; série 2, t. 43, p. 22,
 pl. 1, fig. 10.

1911 *Spiriferina rostrata* Schlotheim. — Flamand. Recherches géologiques et
 géographiques sur le Haut Pays de l'Oranie et sur le Sahara ; p. 857.
 Addendum ; pl. 11, fig. 1.

Diagnose. — Longueur : $30^{m}/^{m}$; largeur : $31^{m}/^{m}$; épaisseur : $17^{m}/^{m}5$.
Coquille d'assez forte taille, de forme subcirculaire et subglobu-
leuse. Les valves sont convexes. La grande valve est plus convexe
que la petite et se termine par un rostre caractéristique. La partie
postérieure de la petite valve porte un renflement médian assez
large qui se termine par un crochet vers l'aréa qu'il recouvre en
partie. Le crochet de la petite valve est beaucoup plus petit et bien
moins saillant que celui de la grande valve. La grande valve présente sur la région médiane de sa partie antérieure un méplat large
et à peine indiqué, auquel correspond sur la région médiane de la
partie antérieure de la petite valve un renflement large et peu
accentué.

La surface de la grande valve est ornée de lamelles concentriques d'accroissement irrégulières et de plus en plus fortes à mesure que l'on se rapproche du bord externe. La surface de la petite valve présente des lamelles d'accroissement plus fines, plus régulières, plus nombreuses et plus serrées.

La commissure des valves est sensiblement droite et présente un léger infléchissement assez large sur la région frontale.

Le crochet de la grande valve est très développé, assez épais, saillant, recourbé en avant en forme de rostre et laisse voir la charnière. L'aréa est de taille moyenne.

Rapports et différences. — Ce Brachiopode très caractéristique est tout à fait comparable à celui figuré et décrit par Schlotheim sous le nom de *Terebratulites rostratus* (Schlotheim, loc. cit.). Il n'en diffère que par son crochet un peu moins allongé et par l'absence du sillon médian sur la grande valve, qui dans nos échantillons se trouve remplacé par un simple méplat.

Il est également tout à fait conforme aux échantillons figurés et décrits par les différents auteurs sous le nom de *Spirifer rostratus* et de *Spiriferina rostrata* Schlotheim. Il est absolument identique à *Spiriferina rostrata* Schlotheim in Gemmellaro, provenant des couches à Pygope Aspasia du Lias moyen de Sicile (Gemmellaro, loc. cit.). Notre échantillon, comme celui figuré par Gemmellaro, ne présente qu'un très léger méplat médian sur la grande valve, à la place du sillon assez prononcé indiqué dans l'espèce type de Schlotheim. Par ce caractère, ainsi que le fait remarquer Gemmellaro, notre espèce présente certaines affinités avec *Spirifer verrucosus lœvigatus* Quenstedt du Lias moyen d'Europe (Quenstedt. Der Jura; p. 145, pl. 18, fig. 6-14).

Cette forme est également identique à *Spiriferina rostrata* Schlotheim figurée et décrite par Flamand (Flamand, loc. cit.) et provenant du Lias moyen du Sud-Oranais.

Elle est aussi assez voisine de *Spiriferina prœrostrata* Flamand var. C. (Flamand, loc. cit., p. 849, pl. 1, fig. 11) provenant du Lias inférieur de Tifrit, près Saïda, Oranie), mais elle est de plus petite taille. Cette dernière forme du Lias inférieur du Sud-Oranais doit sans doute représenter la forme ancestrale de notre espèce.

Elle possède enfin des caractères communs avec *Spiriferina alpina* Oppel (Oppel. Uber die Brachiopoden des untern Lias. Zeitschrift der deutschen geologischen Gesellschaft, tome 13 ; p. 541, pl. 11, fig. 5) ; mais dans cette dernière espèce le crochet de la grande valve est beaucoup moins épais, moins recourbé, plus étroit et plus aigu, et les valves sont un peu moins convexes.

Répartition stratigraphique. — Cette espèce est essentiellement caractéristique du Lias moyen d'Europe d'après Schlotheim, Zieten, Davidson et Quenstedt. Haas et Petri l'ont signalée dans le Lias moyen de l'Alsace et de la Lorraine. Gemmellaro la cite dans la zone à Pygope Aspasia du Lias moyen de Sicile et Parona dans le Lias moyen de Gozzano en Piémont. Elle a été rencontrée également dans le Lias moyen en Espagne (Andalousie), aux îles Baléares, dans le Portugal, dans les Apennins et dans les Balkans. Flamand l'a recueilli dans le Lias moyen dans le Sud-Oranais. Enfin M. Ficheur a signalé sa présence dans le Lias moyen du massif de l'Ouarsenis en Algérie. Enfin dernièrement M. Savornin l'a signalée dans le massif du Bou Taleb en Algérie.

Spiriferina rostrata Schlotheim, variété à grand crochet

(Pl. III, fig. 12)

1820   *Terebratulites rostratus* Schlotheim. — Schlotheim. Petrefactenkunde ;
      p 260, pl. 16, fig. 4.

1833   *Delthyris rostrata* Zieten. — Zieten. Die Versteinerungen Württembergs ;
      p. 51, pl. 38. fig. 3 f.

1851   *Spirifer rostratus* Schlotheim. — Davidson. Monog. of. British oolitic
      and liasic Brachiopoda ; p. 20, pl. 2, fig. 4-5.

1858   *Spirifer rostratus* Schlotheim. — Quenstedt. Der Jura ; p. 181, pl. 22,
      fig. 25.

1871   *Spirifer rostratus* Schlotheim. — Quenstedt. Petrefactenkunde Deuts-
      chlands ; tome 2, Brachiopodes, p. 528, pl. 54, fig. 96.

1911   *Spiriferina prærostrata* Flamand var. B.-Flamand. Recherches géologi-
      ques et géographiques sur le Haut-Pays de l'Oranie et sur le Sahara ;
      p. 848, pl. 1, fig. 5.

Diagnose. — Coquille de taille assez forte et présentant des caractères analogues à ceux de l'espèce précédente, dont elle peut être considérée comme une variété. Elle en diffère seulement par sa forme plus étroite et plus allongée, par son crochet plus saillant, plus étroit, plus long, plus aigu et plus recourbé à son extrémité, par son aréa plus élevé et plus étroit, et enfin par ses valves plus convexes.

Rapports et différences. — Cette forme, qui n'est en réalité qu'une variété de l a précédente, ne paraît pas avoir été en général séparée de cette dernière par les différents auteurs qui les ont figurées. Toutefois Flamand (Flamand, loc. cit.) a figuré et décrit, sous le nom de *Spiriferina prœrostrata* var. B., une Spiriferine dont le crochet est plus allongé, plus étroit et plus aigu que celui de *Spiriferina rostrata* type, et qui par contre paraît très voisine de notre échantillon.

Répartition stratigraphique. — Cette forme est caractéristique du Lias moyen, comme la précédente, avec laquelle elle paraît se trouver souvent associée.

Spiriferina alpina Oppel

1861 *Spiriferina alpina* Oppel. — Oppel. Uber die Brachopoden des untern Lias. Zeitschrift der deutschen geologischen Gesellschaft; tome 13, p. 541, pl. 11, fig. 5.
1884 *Spiriferina alpina* Oppel. — Parona. I Brachiopodi liassici de Saltrio e Arzo nelle Prealpi lombarde. Mem. R. ist. Lombardo di Sc. e Lettri; p. 235, pl. 4, fig. 2.
1885 *Spiriferina alpina* Oppel. — Haas. Étude monographique et critique des Brachiopodes rhétiens et jurassiques des Alpes vaudoises et des contrées environnantes. Mém. Soc. paléont. suisse; vol: xi, p. 27, pl. 2, fig. 8-10.
1892 *Spiriferina alpina* Oppel. — Parona. Revisione della fauna liasica di Gozzano. Mem. R. Accad. di Sc. di Torino; seria 2, t. 43, p. 21, pl. 1, fig. 9.

Cette espèce présente dans son ensemble à peu près les mêmes caractères que *Spiriferina rostrata* Schlotheim. Mais par sa forme générale, par la faible convexité de ses valves, par son crochet long, étroit, aigu et peu recourbé et enfin par son aréa étroit, elle est absolument conforme à la description et à la figure données par Oppel de *Spiriferina alpina* des couches d'Hierlatz (Oppel, loc. cit.); elle est également tout à fait comparable aux échantillons figurés et décrits par Haas (Haas, loc. cit.); rapportés par cet auteur à cette même espèce et provenant des calcaires liasiques des Alpes vaudoises.

Cette espèce diffère de *Spiriferina rostrata* Schlotheim par ses valves moins convexes, par son crochet beaucoup plus long, plus étroit, plus aigu, moins épais et moins recourbé, par son aréa plus étroit et plus élevé et enfin par sa taille moins considérable. Elle se distingue de *Spiriferina rostrata* Schlotheim, variété à grand crochet par ses valves beaucoup moins renflées et moins convexes, par son crochet bien moins épais et moins recourbé et par sa taille plus petite.

Répartition stratigraphique. — Oppel cite cette espèce dans les couches d'Hierlatz. Haas la signale dans le Sinémurien des Alpes vaudoises. Parona l'a rencontré dans le Lias moyen à Gozzano en Piémont et dans le Sinémurien des Prealpes de Lombardie.

Spiriferina brevirostris Oppel

1861 *Spiriferina brevirostris* Oppel. — Oppel. Uber die Brachiopoden des untern Lias. Zeitschrift der deutschen geologischen Gesellschaft; tome 13, p. 541, pl. 11, fig. 6.

Diagnose. — Coquille de taille moyenne, subglobuleuse, de forme ovale et plus longue que large. La grande valve est régulièrement convexe et très fortement renflée; elle se termine par un crochet assez fort et assez épais, aigu à son extrémité, très recourbé sur la petite valve et recouvrant complètement l'aréa.

Rapports et différences. — Cette espèce est tout à fait conforme à celle décrite et figurée par Oppel sous le nom de *Spiriferina brevi- rostris* (Oppel, loc. cit.).

Répartition stratigraphique. — Oppel a signalé cette espèce dans les couches d'Hierlatz.

Spiriferina angulata Oppel

(Pl. III, fig. 13)

1861 *Spiriferina angulata* Oppel. — Oppel. Uber die Brachiopoden des untern Lias. Zeitschrift der deutschen geologischen Gesellschaft; p. 541, pl. 11, fig. 7.
1892 *Spiriferina angulata* Oppel. — Parona. Revisione della fauna liasica di Gozzano. Mem. R. Accad. di Sc. di Torino; série 2, tome 43, p. 25, pl. 1, fig. 13.

Diagnose. — Longueur : 17 m/m ; largeur : 17 m/m.
Coquille de taille moyenne, de forme subtriangulaire et à peu près équilatérale.
La grande valve est de formé triangulaire et sa surface est recou-

verte de légères stries concentriques d'accroissement. Elle présente
un sillon médian large, excavé et assez profond, qui va en s'élargissant et en s'accentuant du sommet au bord frontal de la valve. Ce
sillon ne se trouve pas toujours exactement sur la ligne médiane de
la valve qui est souvent déformée et présente un aspect dissymé-
trique. Ce sillon donne lieu à une sinuosité très prononcée sur la
commissure frontale des valves ; il est limité de part et d'autre par
deux renflements qui vont du sommet au bord marginal de la valve.
Au sinus médian de la grande valve correspond un bourrelet médian
sur la petite valve.

Le crochet de la grande valve est proéminent, assez étroit, très
aigu et très peu recourbé. L'aréa est étroit et très élevé.

Rapports et différences. — Cette forme est très voisine de *Spiri-*
ferina angulata Oppel (Oppel, loc. cit.). Elle est tout à fait conforme
à *Spiriferina angulata* Oppel in Parona, du Lias moyen de Gozzano.
(Parona, loc. cit.). Elle peut également être rapprochée de *Spiri-*
ferina Sicula Gemmellaro (Gemmellaro. Sopra i fossili della zona
con Terebratula Aspasia della provincia di Palermo e di Trapani,
p. 55, pl. 10, fig. 5) de la zone à Pygope Aspasia du Lias moyen de
Sicile, mais elle en diffère un peu par le sillon médian de la grande
valve qui est un peu plus étroit et détermine une sinuosité plus faible
sur la commissure frontale des valves, son crochet plus étroit, plus
aigu et moins recourbé et par son aréa plus étroit et plus haut.

Cette forme paraît représenter un stade intermédiaire d'évolution
entre *Spiriferina angulata* Oppel des couches d'Hierlatz et *Spiriferina*
Sicula Gemmellaro des couches à Pygope Aspasia du Lias moyen de
Sicile. L'espèce d'Oppel est sans doute la forme ancestrale de la nôtre
et de celle de Gemmellaro.

Répartition stratigraphique. — Oppel cite cette espèce dans les
couches d'Hierlatz, et Parona dans le Lias moyen de Gozzano en
Piémont.

Spiriferina angulata Oppel var. *obtusa* Oppel

(Pl. III, fig. 14)

1861 *Spiriferina angulata* Oppel var. *obtusa* Oppel. — Oppel. Uber die Brachiopoden des untern Lias. Zeitschrift der deutschen geologischen
Gesellschaft ; p. 541, pl. 11, fig. 8.

1874 *Spiriferina* cf. *angulata* Oppel. — Gemmellaro. Sopra i fossili della zona con Terebratula Aspasia della provincia di Palermo e di Trapani; p. 56, pl. 10, fig. 7.

1892 *Spiriferina obtusa* Oppel. — Parona Revisione della fauna liasica di Gozzano. Mem. R. Accad. di Torino ; série 2, t 43, p. 23, pl. 1, fig. 12.

Diagnose. — Longueur : $12^{m/m}5$; largeur : $18^{m/m}$.

Coquille de taille moyenne, de forme subtriangulaire et plus large que longue.

La grande valve est subtriangulaire ; son contour est légèrement concave sur les flancs de part et d'autre du crochet et largement arrondi sur la partie frontale ; sa surface est lisse et ornée de quelques stries d'accroissement concentriques irrégulières. Elle présente un sillon médian assez étroit, qui va en s'élargissant du sommet au bord antérieur, et qui donne lieu à une sinuosité sur la commissure frontale des valves. La petite valve est un peu plus courte que la grande et présente un bourrelet médian à la partie antérieure et un renflement médian assez large à la partie postérieure.

Le crochet de la grande valve est proéminent, assez aigu et peu recourbé. L'aréa est assez étroit et médiocrement élevé.

Rapports et différences. — Cette forme se rapporte assez exactement à une Spiriferine des couches d'Hierlatz, qu'Oppel a décrite et figurée sous le nom de *Spiriferina angulata* var. *obtusa* (Oppel, loc. cit.) et que cet auteur considère comme une variété de *Spiriferina angulata*. Elle est tout à fait conforme à *Spiriferina obtusa* Oppel in Parona, du Lias moyen de Gozzano (Parona, loc. cit.).

Elle diffère de *Spiriferina angulata* Oppel par la forme de sa grande valve qui est plus large et plus courte, par l'angle du sommet qui est moins aigu, par son aréa plus court, et par le sillon médian de la grande valve qui est plus étroit et moins profond.

Notre échantillon est également très voisin de *Spiriferina* cf. *angulata* Oppel in Gemmellaro (Gemmellaro, loc. cit.); il n'en diffère que par le sillon médian de la grande valve qui est légèrement plus étroit.

Cette espèce présente aussi certaines affinités moins étroites avec *Spiriferina Statira* Gemmellaro de la zone à Pygope Aspasia du Lias moyen de Sicile (Gemmellaro, loc. cit., p. 54, pl. 10, fig. 3). Elle s'en rapproche par l'angle du sommet de la grande valve qui est à peu près de même ouverture et par la forme de la grande valve qui est également large et courte, mais elle en diffère par le sillon médian de la grande valve, qui est beaucoup moins large, moins développé et moins profond et qui forme un sinus bien moins important sur la commissure des valves.

Répartition stratigraphique. — Oppel signale cette espèce dans les couches d'Hierlatz ; Gemmellaro la cite dans la zone à Pygope Aspasia des calcaires liasiques de la province de Palerme (Sicile), et Parona dans le Lias moyen de Gozzano en Piémont.

Spiriferina Sicula Gemmellaro

1874 *Spiriferina Sicula* Gemmellaro. — Gemmellaro. Sopra i fossili della zona con Terebratula Aspasia della provincia di Palermo e di Trapani ; p. 55, pl. 10, fig. 5.

Diagnose. — Coquille de taille moyenne et de forme subtriangulaire, présentant dans son ensemble les caractères de l'espèce précédente. Mais elle en diffère par ce fait que le crochet de la grande valve est plus fort, plus large, plus court et plus obtus et que le sinus médian situé sur la partie antérieure de la grande valve est plus large et plus profond. La surface de la grande valve est lisse et ornée de lamelles d'accroissement assez visibles.

Rapports et différences. — Cette Spiriferine est tout à fait comparable à celle figurée et décrite par Gemmellaro sous le nom de *Spiriferina Sicula* (Gemmellaro, loc. cit.).

Répartition stratigraphique. — Gemmellaro cite cette espèce dans la zone à Pygope Aspasia des calcaires liasiques de la province de Palerme (Sicile).

LINGULIDÆ Gray

LINGULA Bruguière

Lingula sacculus Chapuis et Dewalque

1851 *Lingula sacculus* Chapuis et Dewalque. — Chapuis et Dewalque. Description des fossiles des terrains secondaires du Luxembourg ; p. 233 pl. 35. fig. 3.

Diagnose. — Longueur : 8 $^{m}/^{m}$; largeur : 5 $^{m}/^{m}$ 5.

Je mentionnerai enfin parmi cette faune de Brachiopodes la présence d'une valve de Lingule de petite taille, de forme ovale, assez convexe, présentant un léger renflement axial dans le prolongement du crochet et ornée de petites stries concentriques à peine visibles. Les bords latéraux sont régulièrement et faiblement convexes et se continuent sans former d'angle sur le bord frontal qui est arrondi. Le crochet est acuminé, assez saillant et dépasse un peu le bord palléal.

Rapports et différences. — Cette Lingule est extrêmement voisine de *Lingula sacculus* Chapuis et Dewalque (Chapuis et Dewalque, loc. cit.) du Lias moyen du Luxembourg, par son contour assez régulièrement oval, par la convexité de la valve, qui présente un renflement axial dans le prolongement du crochet sur la partie médiane et enfin par son crochet acuminé, saillant et dépassant un peu le bord palléal.

Répartition stratigraphique. — Cette espèce a été signalée par Chapuis et Dewalque dans le Lias moyen du Luxembourg, dans le « macigno » d'Aubange.

PELECYPODES

PECTINIDÆ Lamarck

PSEUDAMUSIUM Adams
Pecten (Pseudamusium) Stoliczkai Gemmellaro

(Pl. IV, fig. 2)

1874 *Pecten Stoliczkai* Gemmellaro. — Gemmellaro. Sopra i fossili della zona con Terebratula Aspasia della provincia di Palermo e di Trapani ; p. 86, pl. 12, fig. 1-2.
1892 *Pecten (Pseudamusium) Stoliczkai* Gemmellaro. — Parona. Revisione della fauna liasica di Gozzano. Mem. R. Accad. di Sc. di Torino ; série 2, t. 43, p. 15.

Diagnose. — Longueur : 45 $^{m}/_{m}$; largeur : 45 $^{m}/_{m}$.
$$— \quad 37\ ^{m}/_{m} ; \quad — \quad 37\ ^{m}/_{m}.$$

Coquille d'assez grande taille, aplatie, équivalve, de forme subcirculaire et dont la longueur égale sensiblement la largeur.

Le crochet est assez aigu et légèrement excavé à la partie antérieure. La ligne cardinale est à peu près droite. Les oreillettes sont très inégales. L'oreillette antérieure est beaucoup plus développée que l'oreillette postérieure ; l'oreillette antérieure présente une assez forte échancrure à la partie inférieure. La surface des valves est ornée de costules rayonnantes très fines ; mais ces dernières ne sont pas visibles sur tous nos échantillons par suite du degré d'usure. On y observe aussi des lamelles concentriques d'accroissement plus ou moins irrégulières.

Rapports et différences. — J'ai rapporté cette espèce à *Pecten Stoliczkai* Gemmellaro du Lias moyen de Sicile (Gemmellaro, loc. cit.). En effet, par sa forme subcirculaire, par sa longueur qui est sensiblement égale à sa largeur, par la forme du crochet et des oreillettes des valves et par l'ornementation de la surface des valves, cette coquille présente bien les caractères de l'espèce de Gemmellaro.

Répartition stratigraphique. — Gemmellaro cite cette espèce dans la zone à Pygope Aspasia du Lias moyen de la province de Palerme (Sicile) ; M. Kilian signale également la présence de cette espèce dans la zone à Pygope Aspasia du Lias moyen d'Andalousie (Kilian, Mission d'Andalousie, 1889, p. 609) et Parona dans le Lias moyen de Gozzano en Piémont.

CHLAMYS Bolten

Pecten (Chlamys) Agathis Gemmellaro

1874   *Pecten Agathis* Gemmellaro. — Gemmellaro. Sopra i fossili della zona con Terebratula Aspasia della provincia di Palermo e di Trapani ; p. 87, pl. 12, fig. 3-4.

Diagnose. — Coquille de très petite taille, de forme subcirculaire, à peu près aussi longue que large, et représentée ici par une valve dont la surface est ornée de fines costules rayonnantes légèrement striées, qui s'étendent du sommet à la périphérie et vont en s'accentuant à mesure que l'on se rapproche du bord palléal ; entre ces costules se trouvent intercalées d'autres costules plus fines prenant naissance à une certaine distance du sommet et s'étendant jusqu'au bord palléal ; des stries concentriques d'accroissement peu visibles s'observent aussi sur la surface des valves.

Rapports et différences. — Par sa taille, sa forme et son mode d'ornementation, cette petite valve de Chlamys est très voisine de celle figurée et décrite par Gemmellaro sous le nom de *Pecten Agathis* (Gemmellaro, loc. cit.). J'ajouterai qu'elle présente également cer-

taines affinités avec *Pecten amaltheus* Oppel des couches d'Hierlatz
(Stoliczka. Uber die gastropoden und Acephalen der Hierlatzschichten.
Sitzungberichte der Kaiserlichen Academie der Wissenschaften ; 1861,
tome 43, p. 198, pl. 6, fig. 7.

Répartition stratigraphique. — Gemmellaro cite cette forme dans
la zone à Pygope Aspasia du Lias moyen de la province de Palerme
(Sicile).

GASTROPODES

LOXONEMATIDÆ Koken

ZYGOPLEURA Koken

Zygopleura (Katosira) sinistrorsa Gemmellaro

(Pl. IV, fig. 3)

1874 *Chemnitzia sinistrorsa* Gemmellaro. — Gemmellaro. Sopra i fossili della
zona con Terebratula Aspasia della provincia di Palermo e di Trapani ;
p. 101, pl. 12, fig. 22.

Diagnose. — Longueur : 13 $^{m/m}$; largeur du dernier tour : 5 $^{m/m}$;
angle spiral : 17 $^{m/m}$.

Coquille de petite taille, à spire conique et allongée et présentant
ce caractère bien spécial d'être sénestre. La spire est formée de
6 tours plus larges que hauts, légèrement convexes et ornée de fines
costules axiales nombreuses et serrées ; ces dernières sont recoupées
par de très fines stries spirales à peine visibles. Les tours sont séparés par une suture médiocrement accentuée et linéaire. La base du
dernier tour est convexe et ornée de fines stries spirales concentriques. L'ouverture est ovale.

Rapports et différences. — Ce curieux gastropode, qui présente le
caractère particulier d'être sénestre, est tout à fait identique à celui
figuré et décrit par Gemmellaro sous le nom de *Chemnitzia sinistrorsa*
(Gemmellaro, loc. cit.).

Au point de vue générique, ce gastropode, par sa forme étroite et
allongée, par ses tours un peu convexes à suture linéaire et ornés
de costules axiales recoupées par de fines stries spirales plus fines
et plus nombreuses que les costules axiales et enfin par la forme de
la base du dernier tour, présente bien les caractères du genre
Zygopleura Koken et en particulier du sous-genre *Katosira* Koken,

tels qu'ils ont été adoptés et définis par **M.** Cossmann (Cossmann, Essai de paléoconchologie comparée ; tome 8, p. 27).

Répartition stratigraphique. — Gemmellaro signale cette espèce dans la zone à Pygope Aspasia du Lias moyen de la province de Palerme (Sicile).

LITTORINIDÆ Gray

EUCYCLUS Deslongchamps

Eucyclus alpinus Stoliczka

(Pl. IV, fig. 4)

1861 *Eucyclus alpinus* Stoliczka. — Stoliczka. Uber die Gastropoden und Acephalen der Hierlatz-Schichten. Sitzungsberichte der kaiserlichen Akademie ; tome 43, p. 176, pl. 2, fig. 12.

1874 *Eucyclus alpinus* Stoliczka. — Gemmellaro. Sopra i fossili della zona con Terebratula Aspasia della provincia di Palermo e di Trapani ; p. 98, pl. 12, fig. 13.

Diagnose. — Longueur : 40 $^{m}/_{m}$; largeur du dernier tour : 27 $^{m}/_{m}$.

— 13 $^{m}/_{m}$ 5 ;   —   10 $^{m}/_{m}$.

Coquille d'assez grande taille, plus longue que large, à spire formée de 4 à 5 tours très convexes séparés par une suture assez profonde ; l'angle spiral est d'environ 45°.

Les tours sont ornés de 5 carènes spirales granuleuses. La deuxième carène qui se trouve sur la région la plus convexe du tour, environ vers le tiers antérieur de celui-ci, est la plus forte et la plus saillante. Les trois carènes postérieures sont de moins en moins accentuées et de plus en plus rapprochées à mesure que l'on se rapproche de la suture. La cinquième carène située sur la partie antérieure du tour est à peu près aussi forte que la troisième. La surface des tours est également recouverte de stries axiales fines, serrées, nombreuses et légèrement obliques, qui recoupent les carènes spirales. La partie antérieure du dernier tour est convexe et ornée de carènes spirales concentriques plus fines et plus serrées que celles ornant la surface externe des tours ; ces dernières sont également recoupées par de fines stries transversales. L'ouverture est légèrement subquadrangulaire.

Rapports et différences. — Cette espèce est bien conforme à celle figurée et décrite par Stoliczka provenant des couches d'Hierlatz ainsi qu'à celle figurée et décrite par Gemmellaro appartenant à la zone à Pygope Aspasia du Lias moyen de Sicile sous le nom de *Eucyclus alpinus* Stoliczka.

Toutefois nos échantillons sont un peu plus voisins de *Eucyclus alpinus* Stoliczka in Gemmellaro du Lias moyen de Sicile, que de la forme type de Stoliczka provenant des couches d'Hierlatz. Les tours de la spire, dans nos échantillons comme dans ceux figurés par Gemmellaro, sont un peu plus convexes et moins anguleux sur la partie antérieure que dans l'espèce d'Hierlatz, qui n'est sans doute autre chose que la forme ancestrale de celle du Lias moyen de Sicile et de l'Afrique du Nord.

Au point de vue générique ce gastropode présente bien les caractères du genre *Eucyclus* Deslongchamps, tels qu'ils ont été définis et adoptés par M. Cossmann (Cossmann. Essai de paléoconchologie comparée; tome 10, p. 52).

Répartition stratigraphique. — Stoliczka cite cette espèce dans les couches d'Hierlatz et Gemmellaro l'a recueillie dans la zone à Pygope Aspasia du Lias moyen de la province de Palerme (Sicile).

EUOMPHALIDÆ de Koninck

DISCOHELIX Dunker

Discohelix excavata Reuss

(Pl. IV, fig. 5.

1852 *Euomphalus excavatus* Reuss. — Reuss, Uber zwei neue Euomphalus-arten des Alpinen Lias. Palcontogr. ; tome 3, p. 115, pl. 16, fig. 2.

1861 *Discohelix excavata* Reuss. Stoliczka. Uber die gastropoden und Acephalen der Hierlatzschichten. Sitzungsberichte der Kaiserlichen Academie der Wissenchaften ; tome 43, p. 184, pl. 3, fig. 12.

1874 *Discohelix excavata* Reuss. — Gemmellaro. Sopra i fossili della zona con Terebratula Aspasia della provincia di Palermo e di Trapani ; p. 97, p. 12. kg. 14-15.

Diagnose. — Diamètre : 16 $^{m/m}$ 5 ; hauteur : 7 $^{m/m}$;
— 11 $^{m/m}$ — 5 $^{m/m}$ 5.

Coquille de taille médiocre, déprimée, discoïdale et dont les tours de spire sont enroulés sensiblement dans le même plan. La face supérieure est peu différente de la face inférieure ; toutes deux sont concaves ; toutefois la face supérieure l'est un peu moins que la face inférieure. La spire comprend 4 à 5 tours très légèrement recouvrants. L'enroulement de la spire se fait de droite à gauche.

La section des tours est subquadrangulaire par suite de la présence des carènes marginales granuleuses situées sur le côté externe des tours, à la partie supérieure et à la partie inférieure, de part et d'autre de la surface dorsale. Le côté externe dorsal des tours est légèrement convexe, le maximum de la convexité étant situé un peu au-dessus du milieu du côté externe. La hauteur des tours est à peu près égale au double de leur largeur.

Les côtés supérieur et inférieur des tours sont ornés de costules transverses flexueuses. Sur la partie interne des tours celles-ci sont dirigées très légèrement en arrière, puis elles s'infléchissent un peu en avant en se rapprochant de la carène externe ; elles s'accentuent sur les carènes marginales, qu'elles recoupent, en formant de petites nodosités qui donnent aux carènes l'aspect granuleux ; enfin, au delà de la carène, elles s'atténuent et s'effacent sur le dos.

Sur la surface externe des tours entre les deux carènes, on observe des stries transversales très fines, serrées, nombreuses et infléchies en arrière ; ces dernières sont recoupées par des stries spirales très fines, régulières et serrées.

Rapports et différences. — Cette forme est très voisine de *Discohelix excavata* Reuss in Stoliczka (Stoliczka, loc. cit.) ; elle n'en diffère que par la présence de stries spirales très fines, qui ornent la surface externe des tours entre les deux carènes et qui, au contraire, manquent dans l'espèce des couches d'Hierlatz ; de plus, dans notre espèce, les costules transverses ornant les côtés inférieur et supérieur des tours sont d'abord dirigées un peu arrière puis sont infléchies en avant en allant de l'ombilic, à la périphérie, tandis que dans l'espèce d'Hierlatz elles sont infléchies en arrière sur toute leur longueur. Par ces derniers caractères notre espèce se rapprocherait davantage de *Discohelix reticulata* Stoliczka (Stoliczka, loc. cit., pl. 3, fig. 11), mais elle en diffère par son ombilic plus profond et plus étroit, par ses tours plus hauts et plus convexes sur la partie externe.

Nos échantillons sont identiques à ceux figurés et décrits par Gemmellaro sous le nom de *Discohelix excavata* Reuss et provenant de la zone à Pygope Aspasia du Lias moyen de Sicile. Les uns, comme les autres, présentent sur la surface externe des tours de fines stries spirales, qui manquent dans l'espèce des couches d'Hierlatz. Enfin au point de vue du mode d'ornementation de la surface inférieure et supérieure des tours, nos échantillons sont également plus conformes à ceux du Lias moyen de Sicile qu'à ceux des couches d'Hierlatz.

En un mot cette forme est beaucoup plus voisine de *Discohelix excavata* Reuss in Gemmellaro que de *Discohelix excavata* Reuss in Stoliczka. L'espèce de la zone à Pygope Aspasia de Sicile n'est sans doute qu'une mutation de celle des couches d'Hierlatz. Les légères différences qui existent entre ces deux formes ne m'ont pas paru suffisantes pour en faire deux espèces distinctes.

Répartition stratigraphique. — Stoliczka cite cette espèce dans les couches d'Hierlatz et Gemmellaro dans la zone à Pygope Aspasia du Lias moyen de la province de Palerme (Sicile).

CIRRIDÆ Cossmann

EUCYCLOMPHALUS von Ammon

Eucyclomphalus hierlatzensis von Ammon

1861 *Trochus cupido* Stoliczka non d'Orbigny. — Stoliczka. Uber die gastropoden und Acephalen der Hierlatz-Schichten. Sitzungsberichte der Kaiserlichen Academie der Wissenschaften ; tome 43, p. 174, pl. 2, kg. 10-11.
    Eucyclomphalus hierlatzensis von Ammon. — Von Ammon. Gastr. Hochfellen Kalkes, p. 169.

Diagnose. — Echantillon incomplet d'assez grande taille, dont le dernier tour peu convexe est orné de fines stries axiales obliques et est pourvu à sa partie antérieure d'une carène assez saillante, et dont la base assez convexe présente un large ombilic et est ornée de stries spirales nombreuses, régulières et serrées.

Rapports et différences. — Par ces caractères, ce gastropode est très voisin d'une espèce figurée et décrite par Stoliczka (Stoliczka, loc. cit.) et rapportée par cet auteur à *Trochus cupido* d'Orbigny. Or l'espèce de Stoliczka diffère de celle d'Orbigny par la forme de la carène située à la partie antérieure des tours qui est beaucoup moins saillante, moins tranchante et non épineuse ; elle en diffère aussi par son angle spiral moins aigu et par sa forme moins allongée, et elle en a été séparée par von Ammon sous le nom de *Eucyclus hierlatzensis*. (Von Ammon, loc. cit.).

Au point de vue générique cette espèce a été maintenue par M. Cossmann dans le genre *Eucyclomphalus* von Ammon (Cossmann. Essai de paléoconchologie comparée, tome 10, p. 203).

Répartition stratigraphique. — Stoliczka cite cette espèce dans les couches d'Hierlatz.

ATAPHRIDÆ Cossmann

AULACOTROCHUS Cossmann

Aulacotrochus nitens Dumortier

(Pl. IV, fig. 6)

1869   *Trochus nitens* Dumortier. — Dumortier. Etudes paléontologiques sur les dépôts jurassiques du bassin du Rhône ; tome 3 ; Lias moyen ; p. 231, pl. 28, fig. 7-8.

1916   *Aulacotrochus nitens* Dumortier. — Cossmann. Etude complémentaire sur le Charmouthien de la Vendée. Bull. soc. géol. de Normandie ; tome 33, p. 41, pl. 5, fig. 8-10.

Diagnose. — Longueur : 10 $^{m/m}$; largeur du dernier tour : 9 $^{m/m}$; angle spiral : environ 60°.

Coquille de petite taille, un peu plus longue que large, non ombiliquée et dont la spire, régulièrement conique, est formée de 6 tours légèrement convexes, plus larges que hauts et séparés par une suture peu profonde. La longueur du dernier tour est égale à un peu plus de la moitié de la longueur totale. Le dernier tour présente un léger renflement convexe sur le bord antérieur. La surface des tours est ornée de stries spirales extrêmement fines et serrées et de très fines stries transversales d'accroissement visibles seulement à la loupe. La base du dernier tour est peu convexe et présente au centre un sillon circulaire qui entoure une callosité adjacente au bord columellaire et située à la place de l'ombilic. L'ouverture est à peu près circulaire.

Rapports et différences. — Cette espèce est extrêmement voisine de *Trochus nitens* Dumortier (Dumortier, loc. cit.). Elle présente la même forme, les mêmes dimensions relatives et les mêmes caractères ; elle n'en diffère que par la présence de très fines stries spirales, qui d'ailleurs ne sont visibles qu'à la loupe et qui paraissent absentes sur l'échantillon figuré par Dumortier.

Au point de vue générique, cette forme présente bien les caractères du genre *Aulacotrochus* Cossmann (Cossmann. Essais de paleoconchologie comparée ; tome 11, p. 46), dont M. Cossmann a pris comme genotype cette espèce de Dumortier. Je signalerai cependant que dans notre échantillon les tours sont armés de très fines stries spirales, tandis que M. Cossmann ne rapporte à ce genre que des formes à tours lisses. Mais ce caractère seul ne me paraît pas suffisant pour faire de ce gastropode un genre nouveau.

Stoliczka figure sous le nom de *Trochus aciculus* Hœrnes un gastropode provenant des couches d'Hierlatz et présentant certaines affinités avec notre échantillon (Stoliczka. Uber die gastropoden und Acephalen der Hierlatz-Schichten. Sitzgsberichte der Kaiserlichen Akademie der Winenchaften ; tome 43, 1861 ; p. 173, pl. 2, fig. 8). Mais notre espèce en diffère par sa spire moins allongée, par ses tours moins convexes et par la suture des tours qui est moins profonde.

Répartition stratigraphique. — Dumortier a signalé cette espèce dans le Lias moyen du Mont d'Or lyonnais et M. Cossmann dans le Charmouthien de la Vendée.

PLEUROTOMARIIDÆ d'Orbigny

PLEUROTOMARIA Defrance

Pleurotomaria foveolata Deslongchamps var. *turrita* Deslongchamps

(Pl. IV, fig. 7)

1848 *Pleurotomaria foveolata* Deslongchamps var. *turrita* Deslongchamps. — Mémoire sur les Pleurotomaires des terrains secondaires du Calvados. Mémoire de la Société linnéenne de Normandie ; t. 8, p. 74, pl. 15, fig. 4.

1848 *Pleurotomaria foveolata* Deslongchamps var. *procura* Deslongchamps. — Deslongchamps, loc. cit., p. 74, pl. 15. fig. fig. 5.

1853 *Pleurotomaria procura* d'Orbigny. — D'Orbigny. Pal. franc. terr. jurass. ; tome 2, p. 409, pl. 351, fig. 3-4.

1861 *Pleurotomaria foveolata* Deslongchamps. — Stoliczka. Uber die Gastropoden und Acephalen der Hierlatzschichten. Sitzungsberichte der Kaiserlichen Akademie ; tome 43, p 186, pl. 4, fig. 1.

Diagnose. — Longueur : **39** ᵐ/ᵐ ; largeur du dernier tour : 33 ᵐ/ᵐ.

—	23 ᵐ/ᵐ	—	19 ᵐ/ᵐ.
—	15 ᵐ/ᵐ	—	12 ᵐ/ᵐ.

Coquille de taille moyenne, plus longue que large, non ombiliquée à spire conique formant un angle régulier d'environ 60°. La spire est formée de 6 à 7 tours convexes, turriculés, présentant aux 2/5 environ de la partie antérieure une saillie anguleuse portant une carène assez accentuée ce qui donne aux tours l'aspect disposé en gradins.

La surface des tours est divisée par la carène, qui n'est autre chose que la bande du sinus, en deux rampes. La rampe postérieure, qui est la plus large, est légèrement concave ; la rampe antérieure, qui est la plus étroite, est à peu près plane. La surface des tours et de la carène est ornée de stries axiales assez accentuées ; celles-ci sont dirigées assez obliquement d'avant en arrière sur la rampe postérieure puis elles recoupent la carène en s'incurvant en arrière, puis enfin sur la rampe antérieure elles se dirigent presque perpendiculairement sur la ligne de suture. Ces stries axiales sont recoupées, soit sur les rampes, soit sur la carène par de très fines stries spirales ; ces stries axiales et ces stries spirales forment à leurs points de croisements de fines granulations qui sont particulièrement accentuées sur la carène.

La rampe antérieure est limitée en avant par une carène assez saillante, mais toutefois un peu moins accentuée que la carène de la bande du sinus. Cette carène, déjà visible sur l'avant-dernier tour près de la suture, délimite bien nettement la base du dernier tour.

La base du dernier tour est assez convexe, dépourvue d'ombilic et ornée de stries concentriques assez fortes, égales, serrées, régulières et recoupées par de fines stries rayonnantes, légèrement obliques et se dirigeant d'avant en arrière de la périphérie vers le centre. La section de l'ouverture est subquadrangulaire.

Rapports et différences. — Cette espèce est tout à fait comparable à celle figurée et décrite par Deslongchamps (Deslongchamps, loc. cit.) sous le nom de *Pleurotomaria foveolata* et en particulier à une variété de cette espèce que ce paléontologiste a désignée sous le nom de var. *turrita*. Elle présente la même forme, son angle spiral est le même, les tours de la spire offrent les mêmes caractères et leur ornementation est identique. La seule différence, qui est très légère, résulte de la position de carène de la bande du sinus, qui est située dans nos échantillons un peu plus en avant des tours que dans l'espèce de Deslongchamps.

Cette espèce est également très voisine de *Pleurotomaria foveolata* Deslongchamps var. *procera* Deslongchamps (Deslongchamps, loc. cit.) et de *Pleurotomaria procera* d'Orb. (D'Orbigny, loc. cit.) ; cependant elle en diffère par son angle spiral un peu moins aigu, par sa spire un peu moins allongée et par l'ornementation des tours qui est un peu plus accentuée.

Cette forme présente enfin des affinités assez étroites avec *Pleurotomaria foveolata* Deslongchamps in Stoliczka, provenant des couches d'Hierlatz (Stoliczka, loc. cit.). Elle en diffère simplement par son angle spiral un peu plus aigu, par ses tours moins convexes et plus anguleux, par sa carène de la bande du sinus un peu plus saillante et par la présence de la carène antérieure qui paraît manquer dans l'espèce d'Hierlatz. Il est probable que l'espèce des couches d'Hierlatz représente la forme ancestrale de celle du Lias moyen de notre gisement.

Répartition stratigraphique — Cette espèce a été signalée par Deslongchamps et d'Orbigny dans le Lias moyen de Fontaine-Etoupe-Four (Calvados) et par Stoliczka dans les couches d'Hierlatz.

Pleurotomaria cf. princeps Koch et Dunker

1837 *Trochus princeps* Koch et Dunker. — Beiträge, p. 26, pl. 1, fig. 18.
1844 *Pleurotomaria principalis* Münster in Goldfus. — Goldfuss. Petrefacta Germaniœ p. 72, pl. 185, kg. 10.
1848 *Pleurotomaria princeps* Deslongchamps. — Deslongchamps. Mémoires sur les Pleurotomaires des térrains secondaires du Calvados. Mémoire de la Société Linéenne de Normandie ; tome 8, p. 84, pl. 11, fig. 5.
1854 *Pleurotomaria princeps* Deslongchamps. — D'Orbigny. Pal. franc. terr. jurassiques ; tome 2, p. 403, pl. 349, fig. 6-9.
1861 *Pleurotomaria princeps* Koch et Dunker. — Stoliczka. Uber die gastropoden und acephalen der Hierlatz-Schichten. Sitzungsberichte der kaiserlichen Akademie der Wissenchaften ; p. 189, pl. 4, fig. 7-9.
1874 *Pleurotomaria princeps* Koch et Dunker. — Gemmellaro. Sopra i fossili della zona con Terebratula Aspasia della provincia di Palermo et di Trapani ; p. 95, pl. 12, fig. 17.

Diagnose. — Longueur : 14 $^{m}/^{m}$; largeur du dernier tour : 13 $^{m}/^{m}$ 5 ; angle spiral ; environ 60°.

Moule interne, qui, par son galbe, par sa spire conique, à peu près aussi large que longue, par son angle spiral, par ses tours plats et de faible hauteur, par la base du dernier tour qui est presque plane et anguleuse sur le pourtour, et, par la présence d'un ombilic assez profond, présente bien les caractères de *Pleurotomaria princeps* Koch et Dunker, tels qu'ils ont été définis par les différents auteurs.

Répartition stratigraphique. — Cette espèce a été recueillie par Deslongchamps et d'Orbigny à Fontaine-Etoupe-Four (Calvados) dans le Lias moyen, dans la zone à Amaltheus spinatus. Stoliczka l'a signalée dans les couches d'Hierlatz et Gemmellaro dans la zone à Pygope Aspasia du Lias moyen de la province de Palerme (Sicile).

PTYCHOMPHALUS Agassiz

Ptychomphalus heliciformis Deslongchamps

1848 *Pleurotomaria heliciformis* Deslongchamps. — Deslongchamps. Mémoire sur les Pleurotomaires des terrains secondaires du Calvados. Mémoire de la Société linnéenne de Normandie ; p. 149, pl. 17, fig. 2.

1853 *Pleurotomaria rotellæformis* Dunker in Chapuis et Dewalque. — Chapuis et Dewalque. Description des fossiles des terrains secondaires de la province du Luxembourg ; p. 96, pl. 12, kg. 13.

1853 *Pleurotomaria rotellæformis* Dunker in d'Orbigny. — D'Orbigny. Paleont. franç. terr. jurassiques ; tome 2, p. 400, pl. 348, fig. 3-7.

1861 *Pleurotomaria heliciformis* Deslongchamps. — Stoliczka. Uber die Gastropoden und Acephalen der Hierlatz-Schichten. Sitzungsberichte der kaiserlichen Akademie der Wissenschaften : t. 43, p. 186, pl. 3, fig. 17.

1874 *Pleurotomarta heliciformis* Deslongchamps. — Gemmellaro. Sopra i fossili della zona con Terebratula Aspasia della provincia di Palermo e di Trapani ; p. 93, pl. 12, fig. 21.

Diagnose. — Longueur : 6 $^{m}/_{m}$ 5 ; diamètre : 8 $^{m}/_{m}$ 5.

Coquille d'assez petite taille, heliciforme, à spire déprimée, plus large que haute et non ombiliquée. La spire est formée de tours lisses légèrement convexes. La bandelette est plane et visible seulement sur le dernier tour ; elle est recouverte par la spire sur les autres tours. Le dernier tour est assez large et arrondi. La base est convexe et ornée de stries d'accroissement très fines visibles seulement à la loupe ; on observe une légère callosité à la place de l'ombilic. L'ouverture plus large que haute est transversalement ovale.

Rapports et différences. — Cette espèce est absolument comparable à *Pleurotomaria heliciformis* Deslongchamps (Deslongchamps, loc. cit.), ainsi qu'à l'échantillon de la zone à Pygope Aspasia du Lias moyen de Sicile, qui a été figuré et décrit par Gemmellaro et rapporté par ce savant à cette espèce (Gemmellaro, loc. cit.). Elle est également tout à fait conforme à l'échantillon des couches d'Hierlatz figuré et décrit par Stoliczka et rapporté aussi par cet auteur à cette même espèce. Toutefois les spécimens que j'ai recueillis sont d'une peu plus petite taille.

Au point de vue générique cette coquille présente bien les caractères du genre *Cryptœnia* Deslongchamps, mais ainsi que le fait observer M. Cossmann (Cossmann. Note sur un gisement d'âge Charmouthien à St Cyr-en-Talmondois (Vendée). Bull. Soc. géol. de Normandie : tome 27, p. 21, 1908), le nom de *Cryptœnia* Eug. Deslongchamps (1866) est postérieur à celui de *Ptychomphalus* Agassiz (1840). Aussi est-il plus logique d'adopter ce dernier.

Répartition stratigraphique.--Deslongchamps cite cette espèce dans les marnes liasiques de Fontaine-Etoupe-Four (Calvados). D'Orbigny la cite dans le Lias moyen de Normandie (zone à *Almatheus spinatus*) à Fontaine-Etoupe-Four, et dans le Lias moyen (zone à *Almatheus spinatus*) des environs de Châlon-sur-Saône. Chapuis et Dewalque la signalent dans les marnes liasiques de Jamoigne (Luxembourg). Stoliczka la cite dans les couches d'Hierlatz et Gemmellaro dans la zone à Pygope Aspasia du Lias moyen de la province de Palerme (Sicile).

PATELLIDÆ Carpentier

SCURRIA Gray

Scurria papyracea Goldfuss

(Pl. IV, fig. 8)

1841 *Scurria papyracea* Goldfus. — Goldfuss, Petrefacta Germaniæ ; tome 3
    p. 7, pl. 167, fig. 8.

Diagnose. — Longueur : 12 $^{m/m}$; largeur : 10 $^{m/m}$ 5 ; Hauteur : 3 $^{m/m}$ 5.

Coquille de forme conique assez déprimée et dont le contour est de forme ovalo-circulaire. Le crochet est assez aigu, peu proéminent, légèrement incliné en avant et situé un peu en avant du milieu de la coquille. La surface est lisse et brillante et ornée de stries concentriques très faibles et à peine visibles.

Rapports et différences. — Par ses dimensions relatives, la position
du sommet, sa forme et ses caractères, cette espèce rappelle assez
exactement *Patella papyracea* Goldfuss (Goldfuss, loc. cit.) ; toutefois
les stries concentriques paraissent un peu moins accentuées dans
notre échantillon.

Cette espèce présente certaines affinités avec *Patella lœvis* Sowerby
(Sowerby. Min. conch. ; tome 2, p. 85, pl. 139, fig. 3-4) du Lias
d'Angleterre, mais elle en diffère par son sommet qui est un peu
moins excentrique.

Au point de vue générique, cette forme présente bien les caractères du genre *Scurria* Gray par son mode d'ornementation et par
la position du sommet.

Répartition stratigraphique. — Cette espèce est indiquée par
Goldfuss comme étant une forme liasique.

CEPHALOPODES

HARPOCERATIDÆ

HARPOCERAS Waagen

Harpoceras celebratum var *italica* Fucini

(Pl. IV, fig. 9)

1900 *Grammoceras celebratum.* var. *italica* Fucini. — Fucini. Ammoniti del
     Lias medio dell'Apennino centrale. Palœontographia italica ; tome 6,
     p. 44, pl. 10, fig. 3.
1904 *Harpoceras celebratum* var. *italica* Fucini. — Fucini. Cephalopodi liassici
     del monte di Cetona. Palœontographia italica ; tome 10, p. 279, pl. 18,
     fig. 3-9.

Diagnose. — Diamètre : 24$^{m/m}$; largeur du dernier tour : 10 $^{m/m}$ 5 ;
épaisseur du dernier tour : 5 $^{m/m}$ 5 : largeur de l'ombilic : 6 $^{m/m}$ 5.

Coquille à tours assez comprimés, carenés et ayant leur maximum
d'épaisseur environ vers le tiers interne de leur largeur. La section
des tours est ovale et lancéolée par suite de la présence d'une petite
carène siphonale. L'ombilic est relativement étroit. Le dernier tour
recouvre le précédent d'environ la moitié de sa largeur. La largeur
du dernier tour égale presque le double de son épaisseur. La surface
du dernier tour est ornée de côtes falciformes, simples, régulières et

assez nombreuses. Les côtes prennent naissance sur la paroi de l'ombilic et s'étendent jusqu'à la carène siphonale en s'accentuant de plus en plus. Elles sont d'abord dirigées obliquement en avant depuis le bord de l'ombilic jusqu'au tiers interne de la largeur du tour ; puis elles se redressent et se dirigent à peu près en ligne droite vers la périphérie entre le tiers interne du tour et le tiers externe ; enfin entre le tiers externe du tour et la carène siphonale elles s'infléchissent de nouveau en avant suivant une courbe flexueuse.

Rapports et différences. — Cette espèce est tout à fait comparable à celle décrite et figurée par Fucini sous le nom de *Harpoceras celebratum* et en particulier à une variété de cette espèce que cet auteur a désignée sous le nom de variété *italica*. (Fucini, loc. cit.). Cette variété diffère de *Harpoceras celebratum* Fucini type, par ses tours plus larges et son ombilic plus étroit et enfin par ce fait que l'infléchissement des côtés sur le tiers interne des côtes est moins oblique et que l'incurvation de celles-ci se produit à une distance un peu plus grande de l'ombilic.

Au point de vue générique, par sa forme comprimée, par la présence et l'aspect de sa carène et par ses côtes falciformes, cette ammonite appartient nettement à la famille des Harpoceratidés et en particulier au genre Harpoceras.

Répartition stratigraphique. — Fucini signale cette espèce dans les calcaires du Lias moyen de l'Apennin central.

RHACOPHYLLITES Zittel

Rhacophyllites cf. eximius Hauer

(Pl. IV, fig. 10)

1854 *Ammonites eximius* Hauer. — Hauer. Beiträge zur Kenntniss der Heterophyllen der österreichischen Alpen. Sitzungsberichte der kaiserlichen Akademie der Wissenschaften ; tome 12, p. 863, pl. 2, fig. 1-4.

1881 *A. (Phylloceras) eximius* Hauer. — Meneghini. Monographie des fossiles du calcaire rouge ammonitique de Lombardie et de l'Apennin central. p. 79.

1899 *Rhacophyllites eximius* Hauer. — Fucini. Ammoniti del Lias medio dell'Appennino centrale. Palœontographia italica ; t. 5, p. 155, pl. 20, fig. 4.

Diagnose. — Diamètre : 22 $^{m/m}$; épaisseur : 5 $^{m/m}$.

Coquille à tours assez comprimés, s'épaississant graduellement, embrassants, aplatis latéralement et dont la partie dorsale est arrondie et porte une carène aiguë, étroite, fine et saillante. L'ombilic est assez large. Les flancs des tours paraissent un peu anguleux vers le pourtour ombilical ; ils sont à peu près lisses sur la partie interne, puis sur le milieu apparaissent des plissures extrêmement fines et nombreuses, qui, d'abord dirigées vers la périphérie, ne tardent pas à s'infléchir de plus en plus en avant et atteignent le voisinage de la carène sous un angle très aigu.

Rapports et différences. — Par sa forme et ses caractères bien spéciaux, cette ammonite paraît assez comparable à *Rhacophyllites eximius* Hauer, bien que notre échantillon présente une épaisseur un peu plus faible et que les plissures soient un peu moins accentuées.

Répartition stratigraphique. — Fucini cite cette espèce dans les calcaires liasiques de l'Apennin central.

Harpoceras cf. exiguum Fucini

1904 *Harpoceras exiguum* Fucini. — Fucini. Cefalopodi liassici del monte di Cetona. Palœontographia italica ; tome 10, p. 281, pl. 19, fig. 7-12.

Diagnose. — Diamètre : 15 $^{m/m}$; largeur du dernier tour : 7 $^{m/m}$; épaisseur du dernier tour : 4 $^{m/m}$; largeur de l'ombilic : 3 $^{m/m}$.

Individu jeune à tours assez comprimés, légèrement convexes, déprimés et arrondis vers la suture de l'ombilic, ayant leur maximum d'épaisseur vers le tiers interne de leur largeur, et ornés de côtes falsiliformes dont la direction générale est un peu moins oblique en avant que dans les espèces précédentes.

Rapports et différences. — Cette forme, par ses divers caractères, paraît assez voisine du groupe *Harpoceras exiguum* Fucini (Fucini, loc. cit.).

Répartition stratigraphique. — Fucini mentionne cette espèce dans les calcaires du Lias moyen de l'Apennin central.

PHYLLOCERATIDÆ Zittel

PHYLLOCERAS Suess

Phylloceras cf. Meneghinii Gemmellaro

1874 *Phylloceras Meneghinii* Gemmellaro. — Gemmellaro. Sopra i fossili della zona con Terebratula Aspasia della provincia di Palermo et di Trapani ; p. 102, pl. 12, fig. 23.

1899 *Phylloceras Meneghinii* Gemmellaro. — Fucini. Ammoniti del Lias medio dell'Appennino centrale, Palœontographia italica, tome, 5, p. 150, pl. 13, fig. 7.

Diagnose. — Individu jeune d'un Phylloceras à tours lisses, étroitement enroulés, régulièrement convexes, présentant leur maximum d'épaisseur vers le milieu de leur largeur, arrondis et plus étroits sur la partie dorsale et se déprimant graduellement vers l'ombilic, qui est assez étroit et n'est pas délimité par un angle saillant.

Rapports et différences. — Ce Phylloceras paraît assez conforme à celui décrit et figuré par Gemmellaro sous le nom de *Phylloccras Meneghinii* (Gemmellaro, loc. cit.).

Répartition stratigraphique. — Gemmellaro cite cette espèce dans la zone à Pygope Aspasia du Lias moyen de la province de Palerme (Sicile).

ÉCHINODERMES

Enfin pour être complet et simplement pour mémoire, je mentionnerai dans cette faune un fragment d'Echinide. Ce dernier appartient au groupe des échinides réguliers. Il est indéterminable spécifiquement. Au point de vue générique cependant et notamment par la présence de pores ambulacraires assez obliques, il semble appartenir soit au genre *Diademopsis*, soit au genre *Hemipedina*.

CONCLUSIONS

—

CONSIDÉRATIONS SUR LES CARACTÈRES ET L'AGE
DE LA FAUNE

———

Nature et caractères de la faune. — Cette faune est caractérisée, comme on vient de le voir, par une prédominance marquée des Brachiopodes : les Rhynchonelles y sont représentées par des espèces variées, les Terebratules sont abondantes et en particulier celles appartenant au genre *Zeilleria*, ainsi que les Spiriferines. Les Gastro‑ podes, représentés par les genres *Katosira, Eucyclus, Discohelix, Eucyclomphalus, Aulacotrochus, Pleurotomaria, Ptychomphalus*, s'y rencontrent également en assez grand nombre. Les Lamellibranches paraissent plus rares. Enfin les Céphalopodes, quoique peu abon- dants, y sont également représentés par les genres *Harpoceras, Rha- cophyllites* et *Phylloceras.*

Par sa nature et sa composition cette faune appartient donc bien nettement à ce type de facies assez spécial désigné sous le nom de « facies à Brachiopodes », qui caractérise généralement les forma- tions liasiques des chaînes circum-méditerranéennes dépendant du système alpin et en particulier appartenant à l'arc du système alpin entourant la méditerranée occidentale. C'est sous ce facies, en effet, que le Lias et en particulier le Lias moyen est connu dans les Alpes Sud-Orientales, dans les Préalpes lombardes, dans plusieurs points de la chaîne des Apennins, en Calabre, en Sicile, dans la Tunisie septentrionale, en Kabylie, dans le massif du Bou-Taleb, dans celui de l'Ouarsenis, dans les Beni-Snassen aux confins de l'Algérie et du Maroc, en Espagne dans la chaîne bétique et enfin aux îles Baléares.

Age de la faune et comparaison avec celles des régions similaires. — Ainsi que je l'ai fait remarquer jadis, la présence dans cette faune de certaines formes essentiellement caractéristiques, telles que *Pygope Aspasia* Menegh., *Spiriferina rostrata* Schloth., *Zeilleria numismalis* Lamk., ne peut laisser aucun doute sur son attribution au Lias moyen. Toutefois il est intéressant de comparer cette faune liasique avec les faunes connues des régions similaires, c'est-à-dire avec celles des chaînes circum-tyrrhéniennes.

Sur quarante-six espèces déterminables, que renferme cette faune, 8 appartiennent à des formes déjà connues dans l'Afrique du Nord, 38 n'y avaient pas encore été signalées jusqu'ici : 4 ont été citées dans le massif du Bou-Taleb, 4 dans le massif de l'Ouarsenis, en Kabylie, 3 dans le massif des Beni-Snassen dans le Maroc oriental, 4 dans les environs de Saïda, 1 en Tunisie dans le massif du Zaghouan.

Dans l'Europe méridionale, 8 ont été signalées en Espagne et dans l'Andalousie, 2 dans les îles Baléares, 27 en Sicile, 6 dans la chaîne des Appennins, 11 dans le Piémont, 6 dans les Préalpes de Lombardie, et enfin 17 dans les couches d'Hierlatz dans le Salzkammergut (Alpes tyroliennes).

C'est avec la faune d'Hierlatz décrite par Oppel et Stoliczka et surtout avec la faune de la zone à *Pygope Aspasia* du Lias de Sicile de la région de Palerme décrite par Gemmellaro, que la faune liasique de la région de Guelma présente le plus d'analogie et pourra être comparée avec le plus d'intérêt. Ces trois faunes méritent d'être étudiées comparativement non seulement à cause du grand nombre d'espèces qui leur sont communes, mais aussi à cause de leur nature respectivement caractérisée par la prédominance des Brachiopodes, par l'abondance relative des Gastropodes et enfin par la rareté des Céphalopodes. De plus, l'analogie du faciès lithologique des assises qui les renferment est également frappante. Enfin la comparaison et le parallélisme de la faune, qui nous intéresse, soit avec celle des couches d'Hierlatz, soit avec celle de la zone à *Pygope Aspasia* du Lias de Sicile, seront d'autant plus instructifs que les âges de ces deux dernières faunes sont actuellement considérés comme définis d'une façon précise.

La faune de la région de Guelma présente avec celle des couches d'Hierlatz une assez grande analogie surtout au point de vue du faciès, de sa nature et de sa composition. Toutes deux sont caractérisées par la prédominance des Brachiopodes et des Gastropodes. Toutefois la faune d'Hierlatz est un peu différente : d'une part elle ne renferme pas les espèces essentiellement caractéristiques du Lias moyen : *Pygope Aspasia* Menegh., *Spiriferina rostrata* Schloth.,

Zeilleria numismalis Lamk. ; d'autre part, si certaines espèces de la faune d'Hierlatz se retrouvent dans la faune liasique de la région de Guélma, d'autres assez nombreuses ne présentent que des affinités plus ou moins étroites avec certaines espèces appartenant à la faune de la région de Guelma et dont elles paraissent représenter les formes ancestrales. Celle-ci n'est donc pas exactement synchronique de celle des couches d'Hierlatz, mais elle en dérive par filiation directe et elle est d'âge un peu plus récent que cette dernière, qui, d'après de Lapparent et M. Haug, appartient au Lotharingien.

Par contre la faune de la région de Guelma est tout à fait comparable et presque identique à celle de la zone à Pygope Aspasia des calcaires liasiques de la province de Palerme (Sicile) et que M. Haug attribue au Domérien. Dans ces deux faunes, en effet, coexistent les espèces essentiellement caractéristiques du Lias moyen : *Pygope Aspasia* Menegh., *Spiriferina rostrata* Schloth., *Zeilleria numismalis* Lamk. ; de plus un grand nombre d'espèces sont communes et entre autres certaines formes bien spéciales. Enfin ces deux faunes ont encore ce caractère commun que les Brachiopodes et les Gastropodes constituent respectivement dans chacune d'elles l'élément prédominant et que les assises qui les renferment présentent un facies lithologique identique.

La faune liasique de la région de Guelma est donc certainement plus voisine de celle des couches à *Pygope Aspasia* de Sicile que de celle des couches d'Hierlatz. Cependant elle renferme un certain nombre d'espèces qui présentent des caractères intermédiaires entre ceux de certaines espèces d'Hierlatz et ceux de certaines espèces de Sicile. En un mot certaines formes paraissent appartenir à des types représentant des stades intermédiaires d'évolution entre certaines formes d'Hierlatz et certaines formes de Sicile. Donc si la faune de la région de Guelma est plus récente que celle des couches d'Hierlatz, il y a donc lieu de croire qu'elle est un peu plus ancienne que celle des couches à Pygope Aspasia de Sicile. La faune d'Hierlatz étant lotharingienne et celle de Sicile domérienne, il s'en suit que la faune de la région de Guelma doit appartenir à la partie supérieure du Pliensbachien ou à la base du Domérien. Cette conclusion paraît d'ailleurs aussi confirmée par ce fait que les rares Céphalopodes, que renferme cette faune, se rapportent à des formes caractéristiques des faunes à ammonites des calcaires gris du Lias moyen de l'Apennin central.

Dans l'Afrique du Nord, la petite faune de Brachiopodes du Bou-Taleb, dans les Monts du Hodna, signalée récemment par M. Savornin et renfermant *Pygope Aspasia*, est sans doute synchronique de celle qui nous occupe. Il en est vraisemblablement de même en ce qui concerne la faune liasique du massif de l'Ouarsenis, bien que dans cette dernière *Pygope Aspasia* n'ait pas été cité. Enfin cet horizon paraît être également le même que celui des couches charmouthiennes de Tifrit-Saïda dans le Sud-Oranais, où Flamand a signalé aussi *Pygope Aspasia*.

RÉSUMÉ ET CONCLUSIONS GÉNÉRALES

En résumé le Lias dans l'Atlas tellien de la région de Guelma présente les caractères suivants :

1° *Il est constitué par des calcaires zoogènes généralement massifs, gris et le plus souvent gris sombre, tantôt fins, tantôt saccharoïdes, et présente le faciès lithologique habituel des formations liasiques circum-méditerranéennes.*

2° *Il est caractérisé par ce type de faciès assez spécial désigné sous le nom de « **faciès à Brachiopodes** », qui en général est la règle dans les chaînes circum-méditerranéennes dépendant du système alpin et en particulier dans les régions circum-tyrrhéniennes.*

3° *Sa faune, qui paraît être l'une de plus riches connues jusqu'ici dans l'Afrique du Nord et comprend près de cinquante espèces dont la plupart n'y avaient pas encore été signalées, contient une très grande proportion d'espèces alpines, italiennes et siciliennes.*

4° *Sa faune présente un degré d'évolution intermédiaire entre celui de la faune des couches d'Hierlatz et celui de la faune à Pygope Aspasia de Sicile, de la région de Palerme, ses affinités étant plus étroites avec la seconde qu'avec la première. Elle est donc plus récente que celle d'Hierlatz et un peu plus ancienne que celle de Sicile.*

5° *La faune d'Hierlatz étant lotharingienne et celle de Sicile domérienne, il s'ensuit que la faune de la région de Guelma doit appartenir vraisemblablement au Pliensbachien supérieur ou au Domérien inférieur.*

6° *Les calcaires renfermant la zone fossilifère à Pygope Aspasia paraissent généralement être superposés au Trias en profondeur et à l'Infralias représenté par des calcaires en plaquettes surmontant le Trias, bien qu'aucun affleurement fossilifère n'ait permis d'observer la série continue de ces différentes assises et que la présence du Siné-*

murien authentique ne m'ait nulle part été révélée faute d'arguments paléontologiques.

7° Enfin, la présence de ces calcaires, dont l'importance est secondaire au point de vue orographique, paraît intimement liée à l'existence de certains phénomènes tectoniques. Les affleurements de ces calcaires liasiques sont localisés aux points de contact des plis cenozoïques et des plis hercyniens, c'est-à-dire dans des zones où les phénomènes de déviation et de friction se sont produits avec le maximum d'intensité, la préexistence en profondeur des plis hercyniens ayant eu pour résultat d'entraver le développement normal des plis cenozoïques et ayant déterminé l'affleurement des couches profondes de la série stratigraphique affectée par ces derniers.

TABLE DES MATIÈRES

PLANCHE I

—

PLANCHE I

FIG. 1. **Rhynchonella scalpellum** Quenstedt.
  1*a*   Valve ventrale.
  1*b*, 1*c* Commissure latérale.
  1*d*   Commissure frontale.
  1*e*, 1*f* Valve dorsale.

FIG. 2. **Rhynchonella Orsinii** Gemmellaro.
  2*a*   Valve ventrale.
  2*b*   Commissure latérale.
  2*c*, 2*d* Valve dorsale.

FIG. 3. **Rhynchonella Briseis** Gemmellaro.
  3*a*   Valve ventrale.
  3*b*, 3*c* Commissure latérale.
  3*d*   Commissure frontale.
  3*e*, 3*f* Valve dorsale.

FIG. 4. **Rhynchonella polyptycha** Oppel.
  4*a*   Valve ventrale.
  4*b*   Commissure latérale.
  4*c*, 4*d* Valve dorsale.

FIG. 5. **Rhynchonella Albertii** Oppel.
  5*a*, 5*d* Valve dorsale.
  5*b*   Commissure latérale.
  5*c*   Commissure frontale.

FIG. 6. **Rhynchonella retusifrons** Oppel.
  6*a*   Valve ventrale.
  6*b*, 6*c* Valve dorsale.
  6*d*   Commissure latérale.

FIG. 7. **Rhynchonella** cf. **Fraasi** Oppel.
  7*a*   Valve ventrale.
  7*b*, 7*f* Commissure latérale.
  7*c*   Commissure frontale.
  7*d*, 7*e* Valve dorsale.

FIG. 8. **Rhynchonella flabellum** Gemmellaro.
  Valve dorsale.

Les échantillons de cette planche sont tous de grandeur naturelle.

Gisement. — Calcaires liasiques de la vallée de l'Oued-el-Hammam.

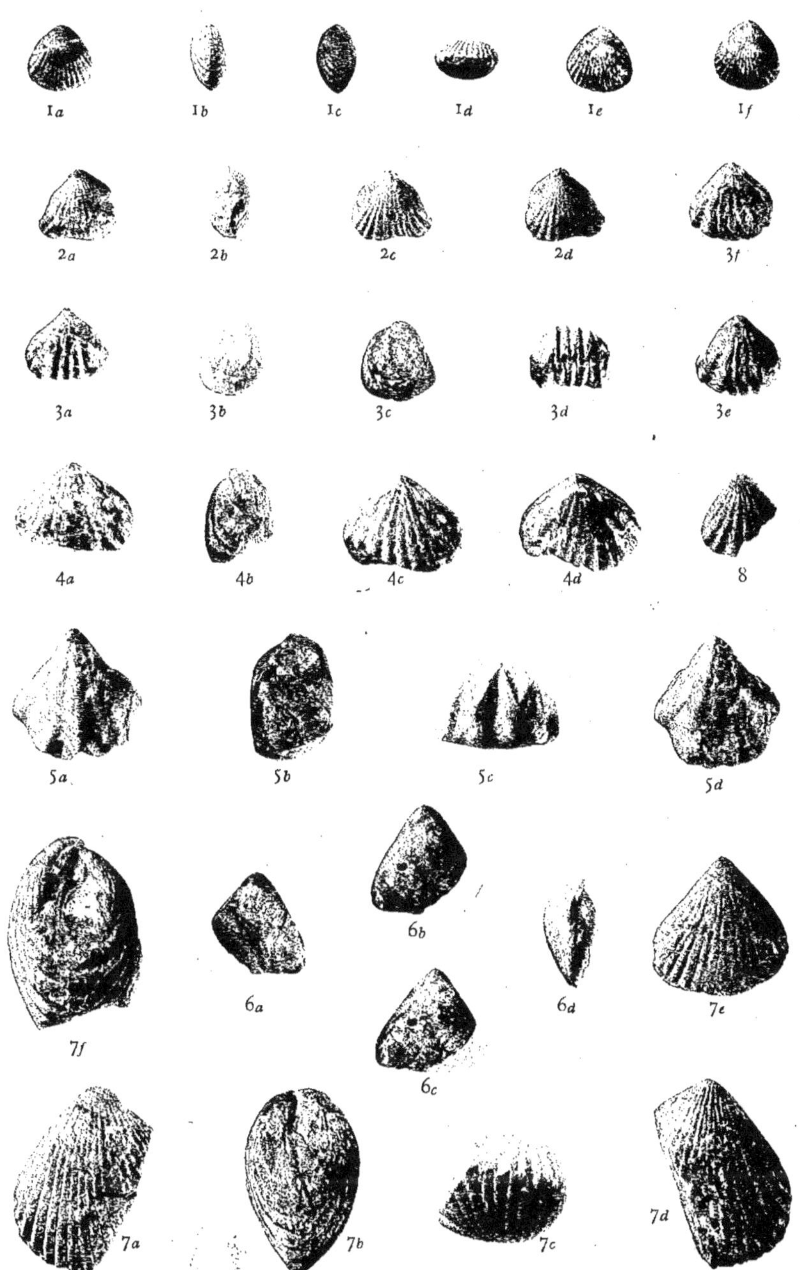

FAUNE LIASIQUE de la Région de GUELMA

PLANCHE II

PLANCHE II

Fig. 1. **Terebratula (Zeilleria) Catharinæ** Gemmellaro.
       1a Valve ventrale.
       1b Commissure latérale.
       1c Commissure frontale.
       1d Valve dorsale.

Fig. 2. **Terebratula (Zeilleria) submumismalis** Davidson.
       2a Valve ventrale.
       2b Commissure latérale.
       2c Commissure frontale.
       2d Valve dorsale.

Fig. 3. **Terebratula (Zeilleria) Taramellii** Gemmellaro.
       3a Valve ventrale.
       3b Commissure latérale.
       3c Commissure frontale.
       3d Valve dorsale.

Fig. 4. **Terebratula (Zeilleria) numismalis** Lamarck.
       4a Valve ventrale.
       4b Commissure latérale.
       4c Commissure frontale.
       4d Valve dorsale.

Fig. 5. **Terebratula rudis** Gemmellaro.
       5a Valve ventrale.
       5b Commissure latérale.
       5c Commissure frontale.
       5d Valve dorsale.

Fig. 6. **Terebratula sphénoïdalis** Meneghini.
       6a Valve ventrale.
       6b Commissure latérale.
       6c Commissure frontale.
       6d Valve dorsale.

Fig. 7. **Terebratula Andleri** Oppel.
       7a Valve ventrale.
       7b Commissure latérale.
       7c Commissure frontale.
       7d Valve dorsale.

Fig. 8. **Terebratula Engelhardti** Oppel.
       8a Valve ventrale.
       8b Commissure latérale.
       8c Commissure frontale.
       8d Valve dorsale.

Les échantillons de cette planche sont tous de grandeur naturelle.

Gisement. — Calcaires liasiques de la vallée de l'Oued-el-Hammam.

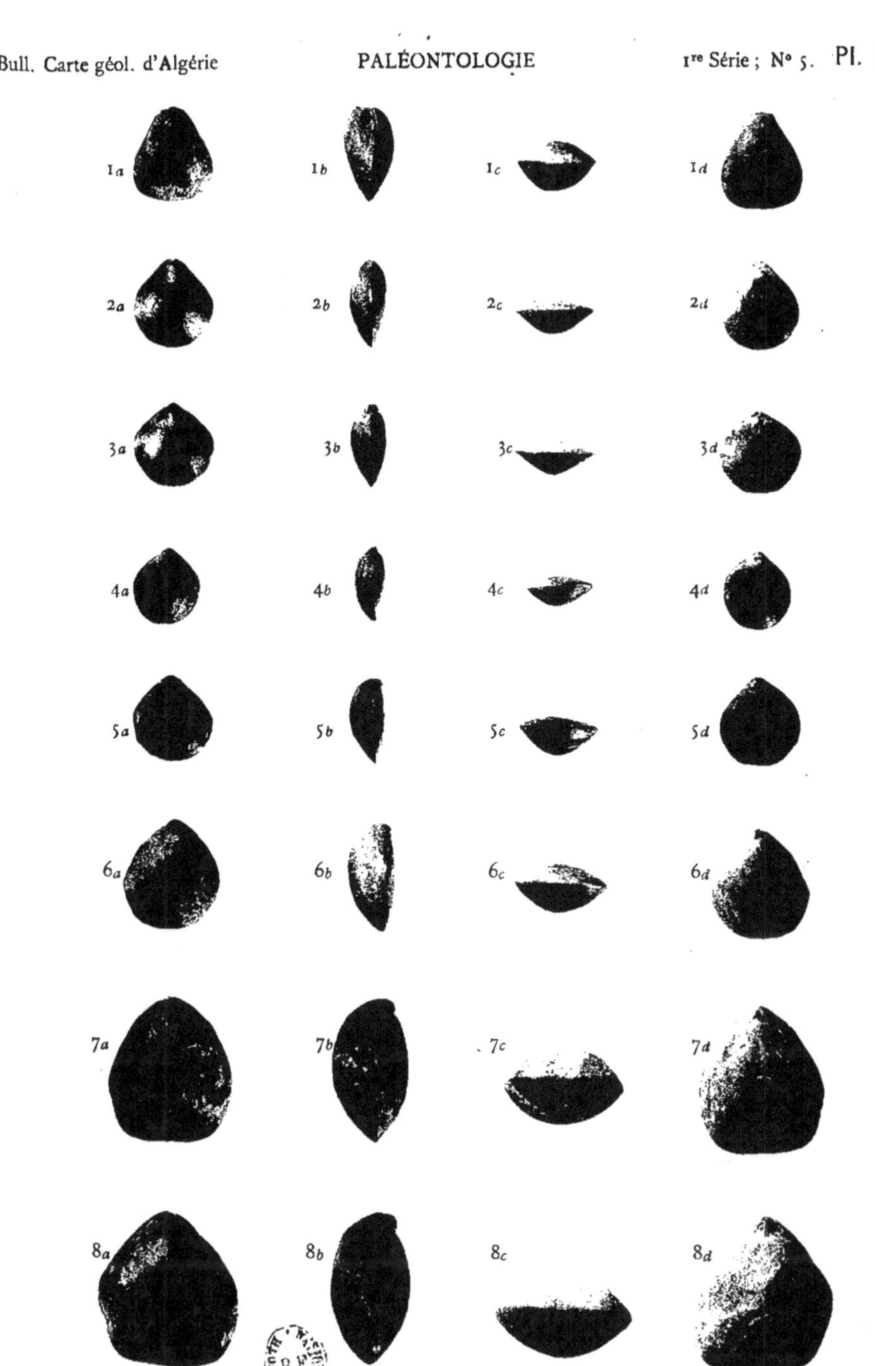

FAUNE LIASIQUE de la Région de GUELMA

J. Dareste de la Chavanne   PHOTOTYPIE GOUTTAGNY, LYON

PLANCHE III

PLANCHE III

Fɪɢ. 1. **Rhynchonella scalpellum** Quenstedt.
Valve dorsale.   Grandeur : 2/1

Fɪɢ. 2. **Rhynchonella Briseis** Gemmellaro.
Valve dorsale.   —   2/1

Fɪɢ. 3. **Terebratula (Zeilleria) Catharinœ** Gemmellaro.
Valve. dorsale.   —   2/1

Fɪɢ. 4. **Terebratula (Zeilleria) subnumismalis** Davidson.
Valve dorsale.   —   2/1

Fɪɢ. 5. **Terebratula (Zeilleria) Taramellii** Gemmellaro.
Valve dorsale.   —   2/1

Fɪɢ. 6. **Terebratula (Zeilleria) numismalis** Lamarck.
Valve dorsale.   —   2/1

Fɪɢ. 7. **Terebratula rudis** Gemmellaro.
Valve dorsale.   —   2/1

Fɪɢ. 8. **Terebratula Jauberti** Deslongchamps.
     8a   Valve dorsale.   —   naturelle.
     8b   Commissure latérale.   —   naturelle.

Fɪɢ. 9. **Terebratula (Pygope) Aspasia** Meneghini var. **minor** Zittel.
     9a, 9b   Valve dorsale   Grandeur naturelle.
     9c   Commissure latérale.   —   naturelle.
     9d   Commissure frontale.   —   naturelle.
     9e   Valve ventrale.   —   naturelle.
     9f   Valve dorsale.   —   2/1

Fɪɢ. 10. **Terebratula (Pygope) Aspasia** Meneghini var. **major** Zittel.
     10a, 10b   Valve dorsale.   Grandeur naturelle.

Fɪɢ. 11. **Spiriferina rostrata** Schlotheim.
     11a   Valve ventrale.   —   naturelle.
     11b   Commissure latérale.   —   naturelle.
     11c   Commissure frontale.   —   naturelle.
     11d   Valve dorsale.   —   naturelle.

Fɪɢ. 12. **Spiriferina rostrata** Schlotheim variété à grand crochet.
Echantillon vu du profil.   Grandeur naturelle.

Fɪɢ. 13. **Spiriferina angulata** Oppel.
Valve ventrale.   —   naturelle.

Fɪɢ. 14. **Spiriferina angulata** var. **obtusa** Oppel.
Valve ventrale.   —   naturelle.

Gisement. — Calcaires liasiques de la vallée de l'Oued-el-Hammam.

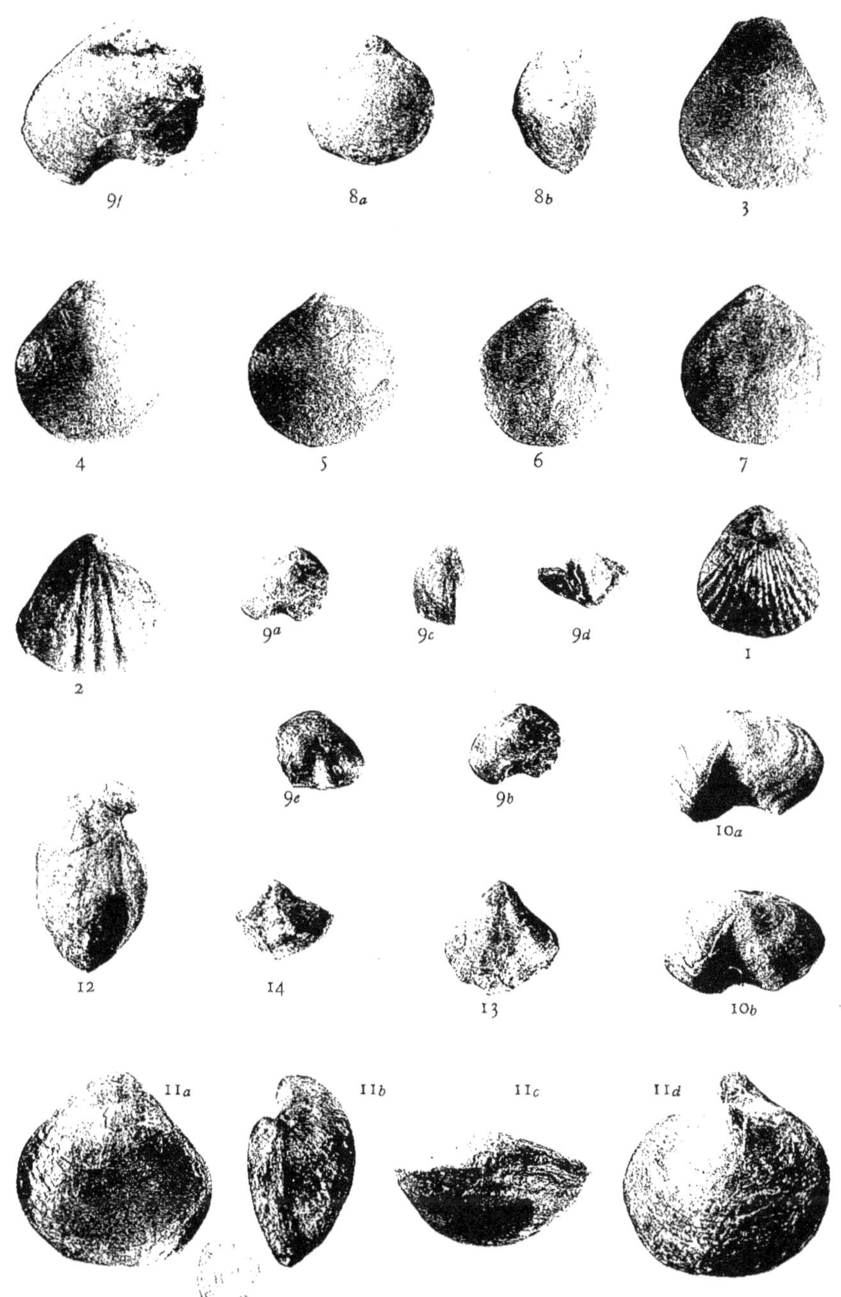

FAUNE LIASIQUE de la Région de GUELMA

PLANCHE IV

PLANCHE IV

Fɪɢ. 1. **Rhynchonella serrata** Sowerby.
    1*a* Valve dorsale.   Grandeur naturelle.
    1*b* Commissure latérale.   — naturelle.
    1*c* Commissure frontale.   — naturelle.

Fɪɢ. 2. **Pecten (Pseudamussium) Stoliczkai** Gemmellaro.
    Valve droite : face interne.   — naturelle.

Fɪɢ. 3. **Zygopleura (Katosira) sinistrorsa** Gemmellaro.
    3*a* Échantillon.   — 2/1
    3*b* Échantillon montrant l'ouverture.   — 2/1

Fɪɢ. 4. **Eucyclus alpinus** Stoliczka.
    4*a* Échantillon de grande taille.   — naturelle.
    4*b* Échantillon plus petit.   — naturelle.
    4*c* Autre échantillon.   — 2/1

Fɪɢ. 5. **Discohelix excavata** Reuss.
    5*a* Echantillon montrant la face inférieure (moule interne).   — 2/1
    5*b*, 5*c* Échantillon montrant la face inférieure avec l'ornementation du test.   — naturelle.
    5*d* Échantillon montrant la surface dorsale du dernier tour.   — naturelle.
    5*e* Échantillon montrant la face inférieure avec l'ornementation du test.   — 2/1

Fɪɢ. 6. **Aulacotrochus nitens** Dumontier.   — 2/1

Fɪɢ. 7. **Pleurotomaria foveolata** var. **turrita** Deslongchamps.
    7*a* Grand exemplaire.   Grandeur naturelle.
    7*b* Échantillon plus petit.   — naturelle.
    7*c* Échantillon montrant l'ouverture.   — naturelle.
    7*d* Echantillon montrant la base du dernier tour.   — naturelle.

Fɪɢ. 8. **Scurria papyracea** Goldfus   — naturelle.

Fɪɢ. 9. **Harpoceras celebratum** var. **italica** Fucini.   — naturelle.

Fɪɢ. 10. **Rhacophyllites** cf. **eximius** Hauer.
    10*a* Échantillon montrant une portion de tour.   — naturelle.
    10*b* Échantillon vu par la partie dorsale et montrant la carène.   — naturelle.

Gisement. — Calcaires liasiques de la vallée de l'Oued-el-Hammam.

FAUNE LIASIQUE de la Région de GUELMA

J. Dareste de la Chavanne